電子材料研究に すぐ役だつ 道具だて

"多少の忍耐と工夫"による
材料作製のヒント集

Abe Yutaka
阿部 寛 著

工学図書株式会社

装幀＊閏月社

はじめに

　筆者は長年材料の研究に携わってきたが，振り返ってみると，いろいろとむだに時間を浪費し，研究を進めるための基本方針をまちがって，最初に意図したこととは全く異なる方向に進んだりすることがよくあった．若いときの少々の脱線はよい経験ではあるが，脱線ばかりではどうしようもない．ノーベル物理学賞を受賞した米国の有名な物理学者が，次のようなことを言っている．"私は多くの実験で失敗を重ねてきた．しかし，失敗から復帰するときの仕方が他の人より上手だったように思う．これが成功への道のりであった．"しかし，失敗から上手に立ち上がるというのは，口で言うほど簡単ではない．だから，我々は同じ失敗を何度も繰り返すのである．

　若い研究者が，野心に燃えて闘争心をあらわにするのは，当然のことではあるが，これはときどき暴走になってしまう．むだな暴走を避けるには，一度自分の現状をよく見て，自分にとって最もふさわしい現状突破の道具だてを考えることである．本書は，材料の研究を前提とし，まず，自分がある材料の性質を明らかにするために，何が必要で何が不必要なのかを明らかにすることを，目的として書かれたものである．

　長い経験を静かに振り返ってみると，その道程の中にはずいぶんと宝の山が隠れていたように思われる．よく観察すると，ちょっとした工夫によって新しい機能的な材料が見つかるチャンスは，結構あったように思われる．しかし，若いころには，世の中を驚かすようなことにのみ興味があり，地道な研究をおろそかにする傾向がある．まず，冷静になり，現在手元で作製することのできる最も可能性の高い材料に注目する．必要な道具だてを探る．これは電気炉の作製から始まる．材料を合成するために必要な，あらゆる加熱方法を探求する必要がある．マイクロ波加熱は，新しい材料育成の方法として注目すべき手法である．さらに，誘電体の基本的な性質についても，よく知っておくことが必

はじめに

要になる．次に自作した試料の組成分析や評価の方法を考える．ファインセラミックスの世界は，とくに酸化物焼結体に話を限れば，比較的少ない予算でも参入できる領域である．ただし，いずれの場合でも，生成された試料は複雑な構造をもっており，生成の条件，たとえば焼結温度，温度の上昇率，原材料のミクロなサイズなどに依存する．しかし，それを一歩ずつ解決して実用性のある機能材料に仕上げていくのは，また何とも言われぬ楽しいことである．可能な限り，単結晶の育成やひげ結晶の育成を試みることは，新しい世界がこれで展開していくので，努力して装置を組み上げていく必要がある．ときとして非常な困難に遭遇するが，これについても触れておくことにしよう．

本書は，筆者の"独断と偏見"によって，興味ある問題を選択している．放射線の問題やイオンチャネリングなどは非常に特殊な話題であるが，筆者の経験をもとにした話題である．半導体に関する記述は，少々数学が多くなってしまったが，材料の研究を進めるときに，モデルとなる考えを提示してくれるので，ここにまとめてみた．ホッピング伝導の項も加えてあるのは，絶縁体ではよく議論される問題であるということに注意を喚起するためである．ただし，これは非常にむずかしい問題を内在している．

本書で触れていない興味ある問題が，世の中に山積していることは当然のことであり，インターネットなどを駆使すれば，いろいろな問題を垣間みることができるだろう．そこで，もう一度強調しておきたい．材料の研究を志して，何か具体的な材料をとりあげたとしよう．これに関して研究の情報をかき集めてみると，非常に多くの人がこの研究にすでに携わっていることがわかる．世の中で，自分しか考えていないようなことなど存在するわけがない．そこで，こんなに多くの人がすでに研究しているなら，もう自分が入り込む隙間などない！と考えてしまうかもしれない．しかし，これはまちがった考え方である．どのような問題に遭遇しても，自分なりの独特なやり方というものがあるはずである．必ず，新しい方向が開けていくものであるが，しかし，これには"多少の忍耐力と工夫が必要"になるのである．

本書に書いたヒントが，若い研究者を刺激し，それによって新たな研究が展開するといったことが起きれば，これ以上の筆者の幸せはないだろう．また，筆者が知らないことで，ちょっとした工夫により研究を成功に導いた人も多数いるに違いない．そのような人から，さまざまな話を聞ける機会があることを切望している．

2012 年 6 月　　　　　　　　　　　　　初夏の風がここちよい札幌にて

　　　　　　　　　　　　　　　　　　　　　　　　　　　阿部　　寛

目　　次

はじめに……………………………………………………………… iii

1章　材料の合成に必要な道具だて

1.1　原材料を入手する …………………………………………… 1
1.2　材料の試作に必要な電気炉 ………………………………… 2
　1.2.1　市販の電気炉 …………………………………………… 3
　1.2.2　マッフル炉の試作 ……………………………………… 4
　1.2.3　温度勾配をもつ電気炉の試作 ………………………… 5
　1.2.4　熱電対と温度制御 ……………………………………… 8
1.3　マイクロ波加熱 ……………………………………………… 11
　1.3.1　マイクロ波加熱の原理 ………………………………… 11
　1.3.2　Maxwell の方程式と複素誘電率 ……………………… 12
　1.3.3　双極子分極 ……………………………………………… 14
　1.3.4　誘電率および誘電緩和の測定 ………………………… 17
　1.3.5　電気伝導の効果 ………………………………………… 19
1.4　電子レンジを改造したマイクロ波加熱装置 ……………… 20
1.5　マイクロ波加熱装置の開発と応用 ………………………… 22

2章　試作した試料の評価

2.1　光学顕微鏡による試料表面の観察 ………………………… 25
2.2　粉末X線回折による物質の同定 …………………………… 26
　2.2.1　X線の発生 ……………………………………………… 28
　2.2.2　粉末X線回折による同定分析 ………………………… 29
2.3　蛍光X線分析 ………………………………………………… 30
　2.3.1　蛍光X線分析とは ……………………………………… 30
　2.3.2　蛍光X線分析の例 ……………………………………… 31

目　次

3章　ファインセラミックス

3.1　ファインセラミックスとは …………………………………………… 35
3.2　ファインセラミックスを作ってみよう ……………………………… 37
　3.2.1　ZnO焼結体を作る ……………………………………………… 38
　3.2.2　TiO_2焼結体を作る …………………………………………… 42
　3.2.3　$2MgO \cdot SiO_2$焼結体を作る ………………………………… 43
3.3　焼結の駆動力と焼結の進展 …………………………………………… 45
3.4　再びマイクロ波加熱について ………………………………………… 47

4章　実験室における単結晶の育成

4.1　ブリジマン炉の試作 …………………………………………………… 51
4.2　InSe単結晶の育成 ……………………………………………………… 53
4.3　金属酸化物のひげ結晶成長 …………………………………………… 57

5章　半導体の物性と半導体接合

5.1　半導体とエネルギー帯構造 …………………………………………… 63
5.2　半導体のキャリヤー密度，キャリヤーの移動度 …………………… 68
5.3　少数キャリヤー，p–n接合 …………………………………………… 74
　5.3.1　少数キャリヤーの注入 ………………………………………… 74
　5.3.2　半導体のp–n接合 ……………………………………………… 77
　5.3.3　障壁に対するトンネル効果 …………………………………… 82
5.4　ホッピング伝導 ………………………………………………………… 85
　5.4.1　直流のホッピング ……………………………………………… 85
　5.4.2　交流のホッピング ……………………………………………… 88

6章　大型加速器の改造に挑戦──高速イオンのチャネリング効果

6.1　バンデグラーフ加速器 ………………………………………………… 90
6.2　イオンチャネリング …………………………………………………… 92
　6.2.1　イオンのチャネリング効果 …………………………………… 93
　6.2.2　原子列と原子面 ………………………………………………… 94
6.3　ラザフォード後方散乱 ………………………………………………… 96
6.4　微弱な放射線量の測定用材料 ………………………………………… 101
　6.4.1　熱ルミネセンス検出器 ………………………………………… 102

6.4.2	放射線に関する単位	103

7章　材料科学におけるパソコンの利用

7.1	パソコンの利用	105
7.2	数式を取り扱うのに便利なソフトウェア	108
7.3	結晶とX線回折の可視化	114

8章　材料科学が包合する広い領域

8.1	材料科学が包括する具体的な内容	117
8.2	微細構造の役割と相変態	118
8.3	エネルギーと環境問題に対応する材料の研究	120
8.3.1	太陽光エネルギーの利用とその限界	121
8.3.2	生活環境からの二酸化炭素の削減	123
8.4	ナノマテリアルとバイオマテリアル	125
8.4.1	カーボンナノチューブ	125
8.4.2	バイオマテリアル	126
	索　引	129

1章　材料の合成に必要な道具だて

1.1　原材料を入手する

　まず，材料のもとになる原材料を購入しなければならないが，もちろん可能な限り高純度な元素，あるいは化合物を手元に入手しなければならない．しかし，いくら高純度の原材料を求めたところで，周りがゴミだらけの研究室ではどうにもならない．これは，材料の研究についての心構えができていないということを示している．真空排気，あるいはシリカゲルを使って，材料を湿度から防ぐような保管箱は常備しておく必要がある．

　もちろん，素手で原材料に触れることは厳禁である．さらに，薬品による洗浄，エッチングによる表面処理を必要とする場合がよくあるので，小型のドラフトチャンバーを用意しておくことが必要である．

　原材料は多くの会社で取り扱っているが，筆者らは，次の会社のものをよく使用している．

1) フルウチ化学株式会社(03-3762-8161)：ここでは金属，合金，化合物の広範囲の材料を取り扱っており，99.999％程度の純度の原材料が容易に求められる．カタログを請求すると，すべての製品にナンバーが表示されていて，この数字のみで以後の注文ができるので便利である．
2) 株式会社高純度化学研究所(049-284-1511)：非常にユニークな会社で，かなり特殊な材料でも入手できる利点がある．
3) 株式会社ニラコ(03-3563-0555)：この会社からは，金属酸化物，炭化物，窒化物を求めることができる．その他に，熱電対や熱電対用絶縁管や炭素棒なども各種用意されている．

　さらに，材料を試作したときに，その表面を機械的に研磨して傷のない表面

1章　材料の合成に必要な道具だて

図 1.1 卓上型クリーンベンチの例.

を作り上げたり，材料を薄く切断したりする道具が必要になる．これには，各種の粒子サイズのダイヤモンドペーストが使用されるが，これは，上記1や3の会社から購入可能である．材料の切断にはダイヤモンドカッターを使用する．

1.2　材料の試作に必要な電気炉

　我々が研究の対象とする材料は多岐にわたるが，大別すれば単結晶と多結晶体とに分けられるであろう．単結晶は，規則的な原子配列をもち，高度に秩序化された構造をもつものであるが，一般にこれらは非常に高純度の材料であり，特別のクリーンな部屋と非常に高価な単結晶育成装置を必要とする．しかも，長期にわたる結晶育成の経験が必要とされる．実際，現在のエレクトロニクス時代を築いたシリコン単結晶の育成は，原理的には単純な方法であるが，表に現れないノウハウに埋もれている．しかも不思議なことに，ある熟練技術者が休暇をとったりすると，どういうわけか収率が落ちてしまう．休暇から戻ると，収率がもとになるというから不思議である．気の毒であるが，この熟練技術者は年次休暇をとることができない！

　シリコン単結晶の育成のように，極端に発展した分野に今から参入するとい

1.2 材料の試作に必要な電気炉

うことは，あまり得策ではない．しかしながら，実験室規模の簡単な設備でも，非常に興味ある性質をもつ単結晶の育成ということは，十分に可能なことである．これについては，4章で改めて議論することにしよう．

　固体の粉末をその融点より十分に低い温度で加熱することにより，固形化した焼結体とよばれる材料を作製することができる．焼結体は単結晶のように規則的な原子配列をもっていないために，この材料の理論的な解析は非常に困難である．しかし，焼結体は，機械的な強度が高く，耐熱性もすぐれているといった望ましいマクロな性質をもっており，それがすぐに実用面につながるということから，最近とくに注目されるようになってきた．これについては，3章で述べることにする．

1.2.1　市販の電気炉

　まず，焼結体を得るためには，少なくとも1500℃以上の加熱温度が達成できる電気炉が必要になる．1500〜1800℃を達成できる電気炉は市販されているが，値段はだいたい300万円から1000万円といったところである．市販品は高価であるが，性能はすぐれており信頼性は高い．加熱の際の雰囲気の交換とか，加圧が可能になっているとか，それなりの特徴をもっている．もしも予算が十分にあるならば購入するのもよいが，購入して電気炉をながめているのが精一杯，などというのでは話にならない．市販の製品には工業生産用に適したものもあるので，十分な研究成果が達成された後に，それを導入するというのがよいのではないかと思われる．表1.1に市販されている電気炉の例を示す．

表 1.1　市販電気炉の例（2011 年 12 月）

形式	最高温度	価格（概算）
SVF-QP1-4	1700℃	1,570,000 円
Red Devil	2200℃（アルゴン）	10,000,000 円程度
		（石川産業株式会社，info@ishikawa-sangyou.co.jp）
超小型高温高真空炉	1800℃	5,630,000 円
超高温電気炉	1800℃	3,600,000 円

　この他に，インターネットで超高温電気炉を検索すれば，各種の電気炉が多数発売されているので，ちょっと驚きである．しかし，だれもがそのような電気炉を購入して，かつ自由な研究を行えるとはとうてい思えない．それでは，予算はあまりないが高性能な電気炉が欲しいときには，どうしたらよいだろうか？　そのためには，少々骨の折れる交渉を，自分でめんどうがらずに実行す

る必要がある．ほんとうに欲しいという情熱があれば，1日や2日寝ずにがんばる覚悟はできているはずである．

　まず，日本の産業というのは，優秀な町工場によって支えられているという事実を認識しなければならない．真空装置ひとつとってみても，これは大手の製造会社が自前で生産しているものなど皆無に等しい．東京の蒲田とか羽田地区には，小さな町工場がたくさんある．優秀な腕の持ち主が一人で切り盛りしているが，でき上がってくる製品は，見ているだけで惚れ惚れしてしまう．そこで，このような町工場にコネをつけて，親父と直談判で真空高温電気炉を作ってもらう．これだと，市販品の1/3から1/5で立派な製品が完成する．そのかわり，東京の町工場まで，日参する覚悟が必要である．しかし，現在でもこのような話が通用するかどうか？　日本もせちがらくなっているので，筆者にもこれで必ずいけると断言することはできないが，試してみる価値はあるだろう．

1.2.2　マッフル炉の試作

　構造的に単純な形状で，かつ試料を壁で隔離した電気炉は，マッフル炉とよばれている．1100℃程度まで加熱できるマッフル炉の作製記事は，固体地球研究センターの神崎雅美氏（mkanzaki@misasa.okayama-u.ac.jp）によって公表されている．非常にていねいに書かれているので，その記事の内容をまねすれば誰でも作製できる．ヒーターには坂口電熱社から発売されていた平板型のものを使用しているが，現在このタイプのものは発売されていないようである．筆者らはこの記事を参考にして，スーパーカンタル発熱体をヒーターとし，耐熱材はデンカアルセンを使用して，1700℃まで使用可能なマッフル炉を試作した．さすがに，1700℃で運転すると耐熱材料が焦げくさくなり，温度の安定度も悪くなるが，実験室用としては，断線しても作り直せばよいだけであるので，しばしば極限状態で使用していた．温度制御はTGMJ温度制御装置，SCR電源で電気炉の電流を制御する方式を採用した．これはごく一般的な制御方式であるが，およその費用は30万円程度であった．もちろん，ヒーターの断線とか耐熱材の劣化による交換修理といった，手間のかかる仕事が待ち受けていたが，これはしかたがないことであり，よい試料が手元に得られるまでは，忍耐強く対応しなければならない．

　マッフル炉は，一般に熱負荷が大きいために，急速な温度上昇は期待できない．急激な温度上昇をどうしても必要とするときには，そのための別の手法をとらなければならない．高周波加熱（3.4節）を参照されたい．

1.2.3 温度勾配をもつ電気炉の試作

電熱線と耐熱剤を使って，炉心管に発熱体を巻き付けるだけの温度勾配をもつ電気炉は，温度の低温領域に微細な単結晶を析出させることで，誰でも容易に作れるものであるので，多くの材料研究室では，この種の電気炉を数台から10台程度自作している所が多い．このような単純な構造のものを，二段，三段と同一炉心管上に作製して，任意の温度勾配を作りだす．これらは多段炉とよばれている．これらの電気炉は，一般に温度の安定度を保つのに熱負荷を大きくしてある．

筆者らは，これらの炉とは別に，通常の電気炉とは異なる構造の発熱体を使用し，熱負荷を軽くした電気炉を試作したので，それについて述べよう．ここで使用した発熱体は，コバレントマテリア社のテコランダムという発熱体で，炭化ケイ素系発熱体である（図1.2）．

テコランダムは再結晶質炭化ケイ素の非金属発熱体である．1600℃までの高温使用が可能で，ニクロム線と比較して単位面積あたりの発熱量も大きいために，短時間昇温が可能である．寿命が長く使用方法も簡単なため，電子部品の焼成，粉末金属の焼結，ガラスなどの溶融など，各種処理に広く利用される．また，発熱部表面に特殊コーティングを施し，各種有害雰囲気においても，安定した効果を発揮できる製品もある．

筆者らが実際に使用したテコランダムは，図1.3のようなスパイラル型のもので，これは電極が一方向にあるので，電気的な接続が容易になる．このスパ

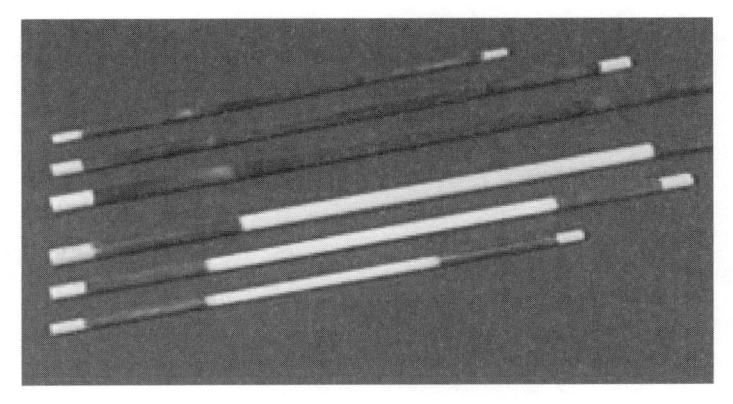

図 **1.2** テコランダム発熱体．

1章 材料の合成に必要な道具だて

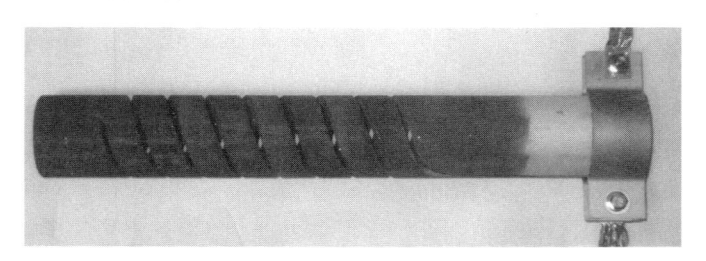

図1.3 スパイラル型テコランダム.

イラルヒーターの内部に直接にるつぼを挿入して使用する．このとき，るつぼ表面に伝導性の物質が付着したりすると，ヒーターがショートしてしまうので，これで異常な電流が流れて，テコランダムが局所的な加熱によって破壊されるという惨事が発生する．これには十分の注意が必要で，るつぼの絶縁性を常にチェックしておく必要がある．この発熱体は受注生産であるので，壊れてもすぐに代替をというわけにはいかない．納品まで少なくとも3ヵ月程度はかかるので，注文するときには，あらかじめ予備の品を含めておくのがよい．

　高温であるので，温度測定はPt-Rh系の熱電対を使用する．熱電対の規格は統一されており，その規格で電熱線メーカーに注文すればよい．図1.4で，中心の白い円筒が炉心管であり，この中にスパイラル型のテコランダムが備えつけてある．るつぼは，炉心管の上部からチタン線のような耐熱線を使って吊り下げ，望みの温度勾配の位置に設定する．外側のものは通常の耐火れんがで

図1.4 完成したテコランダム電気炉.

ある．耐火れんがと炉心管の間には，ジルコン系の耐熱材(粒状)が充填されており，るつぼが1700℃に加熱されても，外側が焦げたりすることがないように設計されている．

読者のなかには，耐火れんがなどは安いものと思っている人がいるかもしれない．実際に筆者も1個1,000円程度のものと思っていた．ところが，耐火れんがといってもさまざまなものがあり，1個50,000円もするものがある．これは，通常の耐火れんがと比較すると非常に重い．したがって，熱容量が普通のものに比べて非常に大きいので，断熱効果が大きいということになる．しかし，1個の電気炉に20個ぐらいの耐火れんがを使うとすると，耐熱材だけで100万円ということになってしまう．これはあまり利口なやり方とは思えない．図の電気炉では，ジルコン系の断熱材を使用してこのようなことを避けているわけである．結局のところ，電気炉を自作する際の決定的な要素は2つであり，1)は発熱体の選択，2)は耐熱材の選択となることが，以上からも推察できるだろう．

断熱材を探すのはたいへん骨の折れる作業である．ニッカトーコーポレーション(osaka@nikato.co.jp)というユニークな会社が大阪にあり，親切に研究の相談に乗ってくれる．

1) 各種の耐熱セラミックス管：アルミナ，ジルコニア，炭化ケイ素，窒化ケイ素などの素材で．各種寸法のものが用意されており，希望により切断もしてくれる．
2) 焼成用の各種容器
3) 1850℃まで常用できるケラマックス発熱体：これはランタンクロマイト($LaCrO_3$)を使用した，高温電熱発熱体である．欠点は振動に弱いことで，地震災害では完全に壊れてしまうそうである．したがって，かなりの除震対策をしないと安心して使えない．
4) 耐火セメント：筆者らは，この会社の耐火セメントをよく利用する．たとえば，るつぼとこれを取り巻く容器の間に充填して断熱したり，耐火れんがどうしの接合を行ったりするのに便利である．

また，株式会社ニラコでは，"サウエライゼンセメント/ペースト"というセメント(ペースト状，混合液状にして使用)が発売されている．これは耐熱温度が982℃というものであり，極高温には使えないが，電気炉の外側の修理などには，たいへん役にたつ．

このごろでは，1000℃でも使用可能な瞬間接着剤も発売されているそうである．筆者はまだ実際に使用した経験はないが，利用価値はありそうである．最

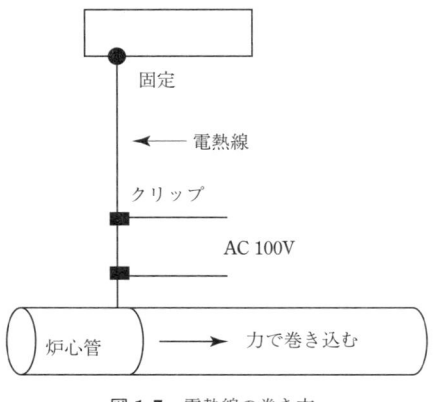

1章 材料の合成に必要な道具だて

```
        ┌─────────┐
        │         │
        ●
        │ 固定
        │
        │ ← 電熱線
        │
        ■ クリップ
        │
        │     AC 100V
        ■
        │
  ┌─────┼──────────────────┐
  │ 炉心管  → 力で巻き込む  │
  └──────────────────────────┘
```

図 1.5 電熱線の巻き方.

も簡単に実験室で作製できる電気炉は，アルミナの炉心管に直接電熱線を巻きつけ，これを断熱材で固定するタイプのものである．実際には，図 1.5 のように電熱線の一端を固定し，他方を炉心管に固定する．クリップを2個用意して，炉心管に近い方から電熱線に取りつけ，これに電流を流す．電熱線が赤熱するときにこれを引っ張ると伸びるので，伸びた時点で素早く巻きつける．最後に電熱線の表面に耐熱シールを張り，さらに外側を耐熱材で取り囲むと，電気炉ができあがる．このとき，炉心管の中心部に測温用の絶縁管を設置するのを忘れないようにする．できあがってからでは取りつけはできないので，この点は十分に注意する必要がある．

ブリジマン炉(4.1 節)のような単結晶育成用の電気炉では，強い温度勾配をもつ電気炉が要求される．技術的には，これはなかなかむずかしい問題である．電気炉の温度の安定度と急激な温度勾配の維持というのは，相反する問題を含んでいるからである．筆者らは，電熱線の巻き数のピッチを急激に変化させるなどの方法を用いているが，実際に作製してみないとわからないというところがある．

1.2.4 熱電対と温度制御

電気炉の温度測定には熱電対を使用するのが一般的である．異なる材料の2本の金属を接続して1つの回路を構成し，2つの接点に温度差を与えると，回路に起電力が発生する．これは，1821 年にドイツの物理学者ゼーベック(T. J. Seebeck)によって発見された物理現象であり，Seebeck 効果という名前でよば

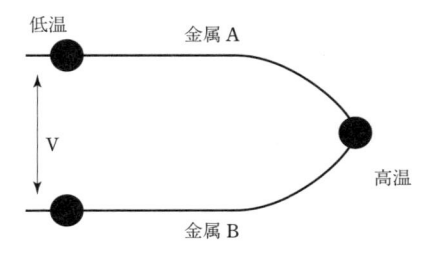

図 1.6 熱電対の概要.

れている．温度検出のために作られた異なる金属の2つの接点をもつものを，熱電対という（図 1.6）．熱電対は，JISでその規格が規定されており，K，J，T，…といった記号が使われるが，これはとても暗記しておくようなものではないので，手元に規格表（表 1.2）をコピーしておくのが望ましい．

このJIS規格品以外に，2400℃まで測定可能なタングステン-レニウム合金熱電対もあるが，非常にもろく使いにくい面があるので注意を要する．

表 1.2 代表的な熱電対の規格表

種類の記号	+側	−側	使用温度範囲	使用限界温度	特徴
K	ニッケルとクロムの合金	ニッケル主体の合金	−200℃～1000℃	1200℃	最も一般的に使用される．安価
J	鉄	銅-ニッケル合金	0℃～600℃	750℃	中温度領域用
T	銅	銅およびニッケル合金	−200℃～300℃	350℃	低温での温度精密測定用
E	ニッケル，クロム	銅，ニッケル，クロム	−200℃～700℃	800℃	熱起電力が大きい
N	ニッケル，クロム，シリコン	ニッケル，シリコン	−200℃～1200℃	1250℃	適用温度範囲が広い
R	ロジウム13％，白金-ロジウム合金	白金	0℃～1400℃	1600℃	高温用
S	ロジウム10％，白金-ロジウム合金	白金	0℃～1400℃	1600℃	高温用
B	ロジウム3％，白金-ロジウム合金	ロジウム6％，白金-ロジウム	0℃～1500℃	1700℃	最も高温で使用できる

さて，熱電対を購入して，電気炉に挿入する前にその起電力を測定してみると，何かおかしい，起電力が安定していない，といったことがよく起こる．アルメル-クロメル線は最も一般的であるが，購入時には線材のままで送られてくることが多いので，自分で接点を作らないとならない．線を寄せ合わせ，バー

ナーで加熱して接点を作るが，これがなかなかむずかしく，熟練を必要とする．起電力測定中に接点が壊れたり，また電気炉に挿入してから温度を測定しようとすると断線したり，といったことがよくある．これには注意深い接点作製が必要で，顕微鏡等で接点の状態を確認するのもよい方法である．

図1.6からわかるように，異なる金属の接点は，実際には3点存在するので，すべての点でSeebeck効果が発生する．電圧計をつなぐ2点の接点は，常にある基準温度に設定されていなくてはならない．一般に熱電対の温度と起電力の関係は，この2点の接点の温度を0℃としたときの値で表されている．基準接点の冷接点補償は，可変電圧源を回路に挿入して基準接点電圧を相殺するという方法があり，半導体センサーやサーミスターがこれに使用されている．電気炉の温度を測定する際に，さらに注意を要する点がある．それは，炉心管に密着して熱電対を挿入しても，炉心内の試料の温度との間に必ず温度差があり，場合によってはこれが100℃以上にも達する場合がある．そこで，固定の熱電対により温度を一定とした場合に，炉心管内部の温度分布を必ず測定しておく必要がある．

電気炉の温度制御には，希望値と実際の値の差をフィードバックによって解消する自動制御装置が必要である(図1.7)．最も簡単な制御方法は，二位置式の制御である．これは電源をon-offするやり方で，SCR(シリコン制御整流器)の電源をゼロクロスでon-offする．この方法では，一般に目標値の周りで温度がオーバーシュートやハンチングを繰り返すことになる．しかし，比較的に熱負荷の軽い電気炉，たとえばテコランダム炉のような場合には，電源が入ると直ちに温度が上昇し,切れるとすぐに温度が下がるので,温度のオーバーシュートやハンチングの幅が小さく安定した制御が可能になる．一方，熱負荷の大き

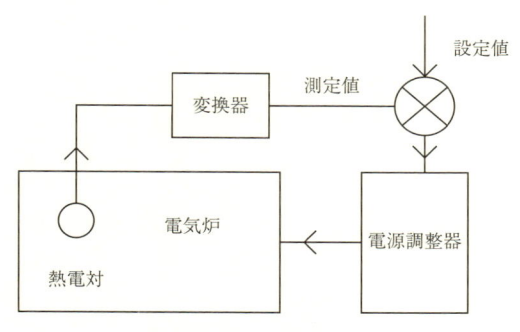

図 **1.7** 温度制御回路の概要．

な電気炉の場合には，温度のオーバーシュートやハンチングの幅が大きく，安定した目標値をなかなか達成できない．このような装置に対しては，比例制御，積分制御，微分制御，あるいはこれらを組み合わせた PID 制御装置を備えた温度制御装置を設置することが必要になる．

1.3 マイクロ波加熱

　高周波加熱には，高周波誘導加熱と高周波誘電加熱の 2 つの加熱法がある．前者は，シリコン単結晶などを作製するための大型装置が有名であるが，一般家庭で使用している IH ヒーターは，まさに高周波誘導加熱を利用したものである．一方，電子レンジは，マイクロ波の誘電加熱の代表例である．今や電子レンジは中国製だと 1 万数千円の程度で購入できるので，筆者らは，これを改造して焼結体の作成に応用することを考え，実験により良好な結果が得られた．さらに技術的な発展のために，マイクロ波加熱についてその基本を議論することにしよう．

1.3.1 マイクロ波加熱の原理

　マイクロ波は，0.3 〜 30 GHz の周波数帯域にまたがって存在しているが，工業的なマイクロ波は，マイクロ波通信の障害とならないような帯域で使用するように，電波法で定められている．国際的には，2.450（＋／− 0.050）GHz といったところで，多くの国が使用を認めている．

　電磁波により物質が加熱されるということは，かなり昔から知られた事実であり，1967 年にはすでにこれに関する著書も出版されている．この加熱効果は，物質に入射したマイクロ波電場成分と荷電粒子との相互作用によって発生する．ここで，2 つの主要な相互作用が考えられている．1 つは，荷電粒子が自由に運動できる場合であり，他は荷電粒子が物質内の原子に束縛されている場合である．最初の場合には，マイクロ波電場と同相の電流が流れてマイクロ波エネルギーを吸収し，発熱するものであるが，束縛されている場合には電場成分が逆の力でバランスするまで変位させられる．これが双極子分極（dipolar polarization）とよばれるものである．一般に誘電体の分極は，

$$P = P_{\text{dipolar}} + P_{\text{ionic}} + P_{\text{electronic}} \tag{1.1}$$

で表される．分極には，核の周りの電子によるもの，核間の相対的な変位によるもの，極性分子が電場の方向に配列しようとする配向分極，空間電荷による

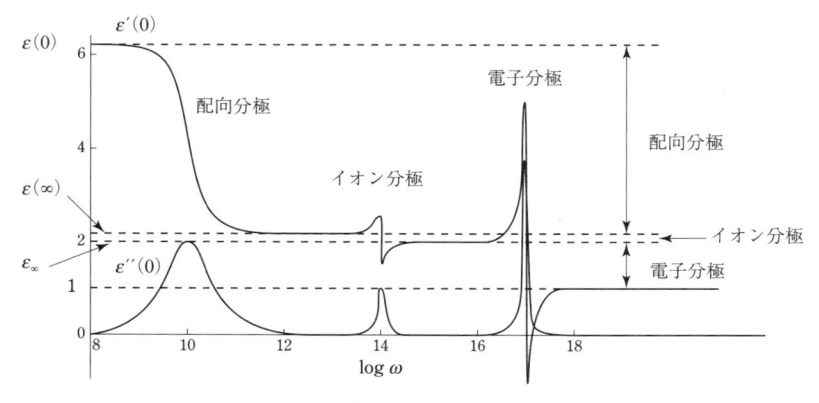

図 1.8 誘電分極の周波数依存性.

分極，といった各種の分極が存在する．分極の周波数依存性は，図 1.8 に示すような特性をもっている．

部分的に束縛された電荷は，高い周波数の電場変化に追従できなくなり，これがマイクロ波加熱の 1 つのメカニズムとなる．物質の分極には各種分極成分が存在するが，たとえば，核の周りの電子変異による分極，あるいは核間の相対的な変異によって発生する電荷ひずみによる分極は，マイクロ波の場の反転に比べて十分に小さな時間スケールで行われるために，マイクロ波の加熱にほとんど寄与しない．一方，極性分子や他の永久双極子の配向時間のスケールは，マイクロ波電場の反転時間同じような時間スケールで存在するために，マイクロ波加熱の重要な原因の 1 つとなっている．

1.3.2 Maxwell の方程式と複素誘電率

一般的な媒質に対する Maxwell（マックスウェル）の方程式は，

$$\nabla \cdot \boldsymbol{E} = \rho/\varepsilon \tag{1.2}$$

$$\nabla \cdot \boldsymbol{B} = 0 \tag{1.3}$$

$$\nabla \times \boldsymbol{E} = -\partial \boldsymbol{B}/\partial t \tag{1.4}$$

$$\nabla \times \boldsymbol{B} = \mu\sigma\boldsymbol{E} + \varepsilon\mu\partial \boldsymbol{E}/\partial t \tag{1.5}$$

ここで，ρ は電荷密度，ε は誘電率，σ は伝導率，μ は透磁率である．

いま，絶縁性で非磁性体の誘電体を考えると，$\rho = 0$, $\sigma = 0$, μ は真空の透磁率となる．

ベクトル演算の関係式

$$\nabla \times (\nabla \times \boldsymbol{V}) = \nabla (\nabla \cdot \boldsymbol{V}) - \Delta \boldsymbol{V} \tag{1.6}$$

より，

$$-\Delta \boldsymbol{E} + \mu\varepsilon \partial^2 \boldsymbol{E}/\partial t^2 = 0 \tag{1.7}$$

x 方向の電場が z 方向に伝搬する場合を考えると，

$$E_x = A_0 \exp(-ikz)\exp(i\omega t) \tag{1.8}$$

したがって，

$$(-k^2 + \varepsilon\mu\omega^2)E_x = 0 \tag{1.9}$$

となる．

いま，誘電率に損失がある場合を考えるときに，誘電率を複素誘電率 ε を，

$$\varepsilon = \varepsilon' - i\varepsilon'' \tag{1.10}$$

で表すと便利である．(1.10)式を(1.9)式に代入すると，

$$k = \omega(\mu)^{1/2}(\varepsilon' - i\varepsilon'')^{1/2} \tag{1.11}$$

となる．誘電損失が小さいときには，(1.11)式を展開して，

$$k = \omega(\mu)^{1/2}(1/2)(1 - (1/2)i(\varepsilon''/\varepsilon') \tag{1.12}$$

となり，(1.12)式の第2項の虚数部が電磁波の減衰を表す．これは，誘電体に電磁波が吸収されて熱となる大きさを表す．ε'' が大きくなると，誘電損失はどんどん大きくなる．実際の文献には，損失角 δ がよく用いられる．

$$\tan(\delta) = \varepsilon''/\varepsilon' \tag{1.13}$$

これは電場と分極場の位相差を表す．磁性材料では，その磁気分極に対して，複素透磁率に対する同様の議論が行われている．

1.3.3 双極子分極

双極子分極は，液体系におけるマイクロ波加熱の主要な要因である．たとえば水においては，各原子の異なる電気陰性度が永久双子を分子内に作り出す．この双極子は外部電場に敏感に応答し，回転によってそれらが電場方向に配列しようとする．液体では，他の分子の存在のために，この配向は瞬時に行われることはない．低い周波数の電磁波では，この配向は電場と同相で行われるので，電磁波の吸収はない．一方，高い周波数では双極子の再配列は実行されないので，双極子の運動は発生せず，熱への変換も行われない．この両極端の中間領域では，マイクロ波の電場と双極子配列に位相差が発生し，双極子のランダムな衝突によって誘電加熱が発生することになる．この誘電特性は古くからよく解析が行われている．

分極 P と誘電率 ε との関係は，一般に，

$$P = \chi \varepsilon_0 E = (\varepsilon - 1)\varepsilon_0 E \tag{1.14}$$

$$D = \varepsilon_0 E + P = (1 + \chi)\varepsilon_0 E = \varepsilon \varepsilon_0 E \tag{1.15}$$

$$\varepsilon - 1 = \chi \tag{1.16}$$

で表される．ここで，χ は帯電率とよばれる．

誘電分散のグラフから明らかなように，マイクロ波領域では配向分極の寄与が主体であり，分子の双極子の配向に対する摩擦力がマイクロ波吸収の原因となる．極性分子は，電場ゼロのときには熱揺らぎによって空間的にランダムな方向を向いていて，全体としては分極はゼロである．これに電場が印加されると，電場に平行な双極子のほうがエネルギー的に得をするので，平均として電場に平行な双極子の数が増加することになる．これによって，分極が発生するわけである．このような分極は配向分極とよばれるが，電場に対するこの応答は，ある時間遅れを伴う．遅れの程度は，分子の慣性モーメントや周りの分子からの粘性などに依存するが，この遅れにより分子レベルでの摩擦熱が発生することになる．配向分極の時間変化を $P_{or}(t)$，変位分極（電子分極＋イオン分極）を $P_d(t)$ とすると，系全体の分極 $P(t)$ は，

$$P(t) = P_{or}(t) + P_d(t) \tag{1.17}$$

となる．E_0 の電場パルスが加えられると，分極の時間変化は，図 1.9 のように

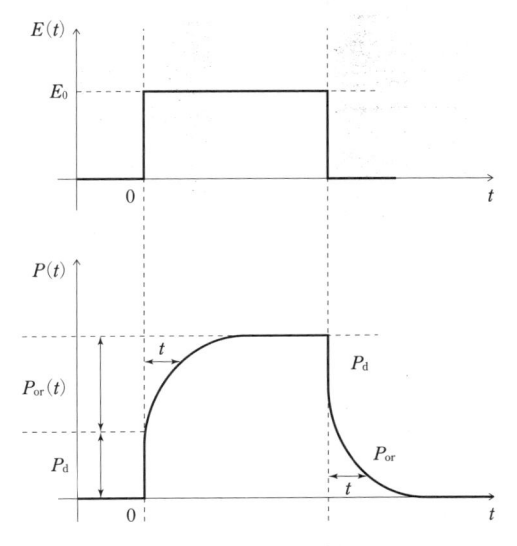

図 1.9 分極の時間変化.

なる. $P_d(t)$ は，今考えている時間領域では瞬時に応答すると考えてよい.

複素誘電率と他の物質定数との関係は，Debye (デバイ) によって与えられており，次式で表される.

$$dP_{or}(t)/dt = (1/\tau)(\varepsilon_0 \chi_{or} E(t) - P_{or}(t)) \tag{1.18}$$

$E(t) = E_0 \exp(i\omega t)$, $P_{or}(t) = P_{or} \exp(i\omega t)$ とすると，

$$P_{or} = \varepsilon_0 \chi_{or}/i\omega\tau \tag{1.19}$$

したがって，全体の系の誘電関数 $\varepsilon(\omega)$ は，

$$\varepsilon(\omega) = (1 + \chi_d) + \chi_{or}/(1 + i\omega\tau) \tag{1.20}$$

$$1 + \chi_d = \varepsilon(\infty), \quad \chi_{or} = \varepsilon(0) - \varepsilon(\infty) \tag{1.21}$$

したがって，

$$\begin{aligned}\varepsilon(\omega) &= \varepsilon(\infty) + (\varepsilon(0) - \varepsilon(\infty))/(1 + i\omega\tau) \\ &= \varepsilon'(\omega) - i\varepsilon''(\omega)\end{aligned} \tag{1.22}$$

Debye の誘電緩和式

1章 材料の合成に必要な道具だて

$$\varepsilon'(\omega) = \varepsilon(\infty) + (\varepsilon(0) - \varepsilon(\infty))/(1 + \omega^2\tau^2) \tag{1.23a}$$

$$\varepsilon''(\omega) = \omega\tau(\varepsilon(0) - \varepsilon(\infty))/(1 + \omega^2\tau^2) \tag{1.23b}$$

ここで，$\varepsilon(\infty)$は高い周波数における誘電率，$\varepsilon(0)$は静電的な誘電率を表す．緩和時間τは，

$$\tau = 4\pi\eta r^3/(kT) \tag{1.24}$$

と表され，rは分子の半径，ηは液体の粘性，kはBoltzmann(ボルツマン)定数，Tは絶対温度である．これらのパラメーターを適切に選ぶことにより，液体の誘電率の実験結果をよく説明することができる．液体が水の場合の例を，図1.10に示す．

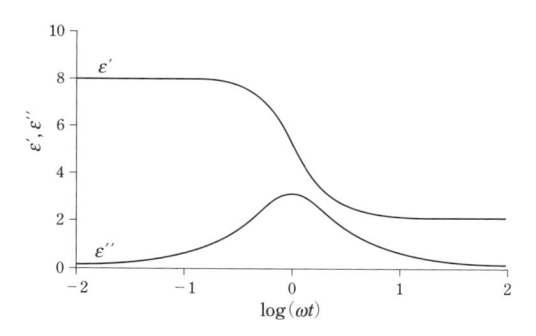

図1.10 水の誘電率の周波数依存性．

水における誘電損失のピークは20 GHz近辺にあるが，実際のマイクロ波加熱は，このピークよりも十分に低い2.5 GHz程度のところで実行される．これは，ピークの周波数では急激な加熱が行われ，表面のみで熱が発生するために，内部まで加熱が実行されないためである．

水の高周波加熱は，簡単に次式で見積もることができる．体積エネルギー密度をPとすると，

$$P = 2\pi f \varepsilon_0 \varepsilon'' E^2 \,(\text{kW m}^{-2}) \tag{1.25}$$

ここで，fは周波数(Hz)，ε_0は真空の誘電率，ε''は複素誘電率の虚数部，Eは電場強度(V m^{-1})である．温度50℃の水の$\varepsilon'' = 5.1$である．平均のマイクロ波

電場強度を $2\,\mathrm{kV\,m^{-1}}$ とすると，水の損失電力密度は，$f = 2.45\,\mathrm{GHz}$ で $2800\,\mathrm{kW\,m^{-2}}$ である．これを(比熱×密度)で割り算する．

$$2800/(988 \times 4.18) = 40\,\mathrm{K\,min^{-1}}$$

1分間あたり約40℃で温度が上昇することになる．もっとも，誘電損失は温度の関数であるのでその補正が必要であるが，おおまかにいえば，この程度のことになる．

固体内における分子性双極子は，液体の場合ほど自由に回転できない．それらは，ある平行な位置にポテンシャル障壁を伴って束縛されている．このような状態の理論的な解析は古くから試みられているが，その詳細はここでは省略する．最も簡単なモデルは，2つのポテンシャルの井戸がエネルギー W の障壁で分離されているというもので，この場合の緩和時間は，

$$\tau = A\exp\left(-\frac{W}{kT}\right) \tag{1.26}$$

と与えられる．一般的には，W は大きい値をとるために，誘電損失はきわめて小さいものとなることが予想される．

1.3.4 誘電率および誘電緩和の測定

材料の誘電的な特性を測定することは，単に誘電加熱特性を知るだけではなく，材料のもつ本質的な性質を明らかにするために，たいへん重要な測定である．測定器としては，①低周波領域の測定を目的とするLRCメーター(例：エヌエフ回路設計ブロック ZM2410)，②高周波領域までをカバーするインピーダンスメーター(例：エヌエフ回路設計ブロックインピーダンスアナライザ ZA5405)などがある．

これらの測定器は，従来の製品に比較して，圧倒的に高精度の測定を可能にするものである．比較的に高価なものではあるが，目的によっては，測定器レンタルの会社を利用して，集中的な計測を一気に行うという方法がある．この方法は，十分な準備さえ行っておけば，結果的にきわめて効率的な実験を行うことができ，しかも総額が1千万円以上になる計測器を，その 1/4 から 1/6 程度の費用で使用できるという利点がある．必要なことは十分に考慮された実験計画であり，何をいつまでにどの程度の測定実験を実行するか，予備の時間帯をどのように設定するかということを，明確にしておくことである．

複素誘電率の式をもう一度書き表すと，

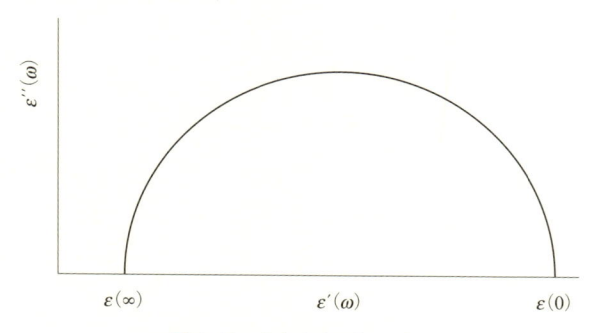

図 1.11 Cole-Cole プロット．

$$\varepsilon(\omega) = \varepsilon(\infty) + (\varepsilon(0) - \varepsilon(\infty))/(1 + i\omega\tau)$$
$$= \varepsilon'(\omega) - i\varepsilon''(\omega) \tag{1.22}$$

$$\varepsilon'(\omega) = \varepsilon(\infty) + (\varepsilon(0) - \varepsilon(\infty))/(1 + \omega^2\tau^2) \tag{1.23a}$$

$$\varepsilon''(\omega) = \omega\tau(\varepsilon(0) - \varepsilon(\infty))/(1 + \omega^2\tau^2) \tag{1.23b}$$

複素誘電率の虚数部を実数部に対してプロットすると，これらの点は，図 1.11 のように，実数軸に中心をもつ半円を描く．実数軸とは，$\varepsilon(\infty)$ と $\varepsilon(0)$ で交わっている．

実際の実験では，多くの場合，この理想的な半円状の軌跡は得られず，つぶれた半円や非対称な半円となる場合が多い．このような場合には，

1) 一般的な Cole-Cole 緩和

$$\varepsilon(\omega) = \varepsilon(\infty) + (\varepsilon(0) - \varepsilon(\infty))/(1 + i\omega\tau^\beta) \tag{1.27}$$

2) Devison-Cole 緩和

$$\varepsilon(\omega) = \varepsilon(\infty) + (\varepsilon(0) - \varepsilon(\infty))/(1 + i\omega\tau)^\alpha \tag{1.28}$$

そのほか，Havriliak-Negami 緩和，KWW 緩和などの提案がなされている．

我々は将来，多数の焼結体を取り扱うことになると思われるが，これらは結晶粒と粒界を含んでおり，しかも電気的な性質を区別して測定する手段は意外に少ない．誘電緩和の測定はその可能性をもつものであり，もし結晶粒と粒界の効果が，図 1.12 のような等価回路で表されるとすると，Cole-Cole プロットに，明確な 2 つの複素インピーダンスの軌跡を描く可能性がある．これらの軌

1.3 マイクロ波加熱

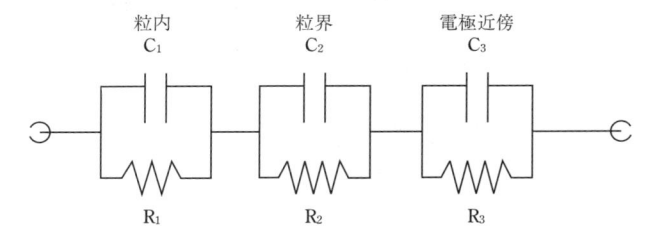

```
    粒内         粒界        電極近傍
    C₁           C₂           C₃
```

図 1.12 焼結体に対する等価回路.

跡の温度変化は，有用な情報を提供するだろう．

1.3.5 電気伝導の効果

マイクロ波照射のもとにある材料のマイクロ波吸収に対する電気伝導の効果は，複素誘電率にこの伝導の効果を表す項を付加することによって，見積ることができる．

$$\varepsilon(\omega) = \varepsilon(\infty) + \frac{\varepsilon(0) - \varepsilon(\infty)}{1 + i\omega\tau} - \frac{i\sigma}{\omega\varepsilon(0)} \quad (1.29)$$

固体材料の多くのものは，この電気伝導による誘電損失が存在し，とくに温度の上昇に伴ってこの効果は著しくなる．それは，不純物や欠陥に束縛されている電子が温度の上昇とともに伝導帯へ励起され，その数は温度とともに指数関数的に増大するためである．たとえばアルミナでは，温度が1000℃を超えると，酸素の充満帯から伝導体への電子の励起が著しくなり，一挙に誘電損失が増大する．これは，他のセラミックスでもよく観測される現象である(表1.3)．

実際，次節で簡単なマイクロ波加熱装置を試作して実験を行うが，ジルコニアのるつぼを使用していると，最初はマイクロ波加熱があまりうまくいかず，高温の加熱が不可能のようにみえるが，少し温度が上昇をはじめると一挙に高温へ向かうので，これは明らかに電気伝導の効果であるということを実験的に体験することになる．

表 1.3 いくつかの材料における損失係数とマイクロ波侵入距離

材料	損失係数(2.45 GHz, 20℃)	マイクロ波侵入距離(m)
アルミナ	0.0010	12.8
ジルコニア	0.015	1.0
炭化ケイ素	0.08 ～ 1.05	0.04 ～ 0.047
アルミニウム		0.0000001

1.4 電子レンジを改造したマイクロ波加熱装置

一般の家庭で使用されている電子レンジは，これにわずかな改造を加えることにより，強力なマイクロ波加熱装置となる．改造といっても大げさなことではなくて，ちょっと乱暴な話であるが，付属の温度スイッチをとりはずしてしまい，温度上昇を制限しているものを除去するだけである．筆者らは，中国製の安価な電子レンジを数台購入し，これをマイクロ波加熱装置として活用している．図 1.13 にその概要を，また，図 1.14 にこの電子レンジ加熱器に使用されているるつぼの外観を示す．

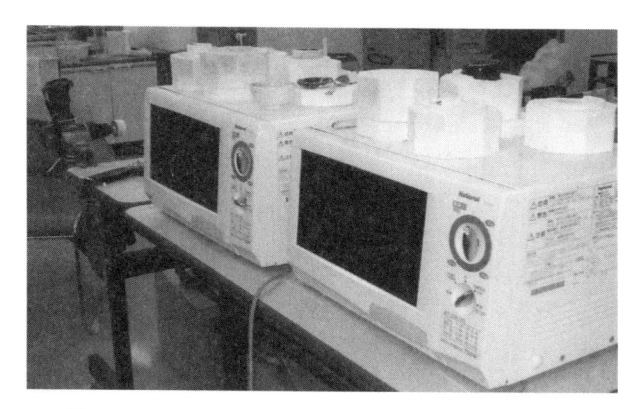

図 1.13　電子レンジを改造したマイクロ波加熱装置の概要．

図 1.14　マイクロ波加熱用のるつぼ．

1.4 電子レンジを改造したマイクロ波加熱装置

　さて，ここまでは調子よく改造が進み，すべてがうまくいくようにみえたが，とんだ落とし穴が待ち受けていた．まず，マイクロ波加熱されているるつぼ内部の温度を測定し，これをフィードバックすることにより，マイクロ波の電力制御を行いたいということになった．これが実現しないと，マイクロ波加熱装置の意味はあまりない，ということになってしまうからである．

　ところがやっかいなことに，金属性の材料を電子レンジ内に挿入すると，そこで放電が発生する．熱電対温度計は金属なので，これを電子レンジ内に入れれば放電して温度など測定できないと考えるのが，普通の考え方である．そうすると，外部からの間接的な放射温度の測定のため，何か窓のようなものを設定して測定することになるだろう．しかし，その場合にはなんらかの補正が必要になるが，それをどのようにして達成するか？　いろいろな問題をかかえたまま，なかなかこの問題は解決しそうにみえなかった．

　ところがあるときに，簡単にこれを解決する方法を発見することができた．それは実に簡単なことで，筆者らの思い込みを完全に覆すような方法であった．筆者らは，米国のあるマイクロ波加熱関連の会社から熱電対を輸入したのだが，それは，図 1.15 に示すようなごく普通の Pt-Rh 系の熱電対だった．ただし，熱電対の測温部分は，白金の薄膜で完全に覆われたもので，これは意外といえば意外だったが，これで完全に測温可能になったのには驚いた．

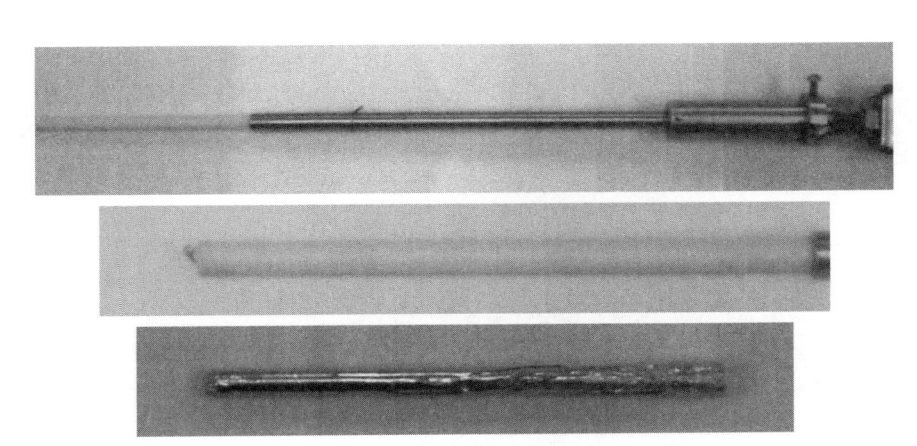

図 1.15　白金-Rh 系熱電対と白金薄膜のカバー．

1.5 マイクロ波加熱装置の開発と応用

マイクロ波加熱とその応用に関する研究は，最近急速に発展している．単独で加熱を行う装置から，余熱にマイクロ波加熱，以下に述べるサセプターを加えたマイクロ波加熱装置といったものの開発から，さらに他のガスあるいは電気の加熱装置との組合せといった技術研究に至るまで，多種多彩である．マイクロ波加熱の専門書も何冊か発行されている．たとえば，

A. C. Metaxas, *Foundation of Electroheat : Unified Approach*, John Wiley and Sons(1996)

などである．

マイクロ波加熱の分野で取り扱われている材料は，2章以降でも取り扱うファインセラミックスと密接に関連する材料が多い．主要なものとしては，アルミナ，ジルコニア，窒化ケイ素，炭化ケイ素，チタニア，酸化亜鉛，チタン酸バリウム，PZT(ペロブスカイト型化合物)，チタン酸ビスマス，窒化アルミニウム，磁器，フェライト，といったものがあげられる．

とくに，マイクロ波加熱そのものに重点がおかれた研究では，
1) 高温までの急速温度上昇，たとえば900℃まで10分以内
2) 炉内の一部では，1分間に100℃の割合の温度上昇の達成
3) 1400℃まで繰り返し運転でも，あまり劣化しない材料の探索

といった具体的な課題が指摘されている．これには，サセプターとよばれる加熱補助材料が利用される．たとえば，SiC焼結体は，マイクロ波加熱用の炉内に設置すると，SiC焼結体が試料よりも先に加熱されて，これから高熱の熱放射が起き，試料の加熱をより効果的にするというものである．ところが，現在のSiCでは接合材が使用されているために，1500℃以上の高温では使用できない．これに替わるものとして，ジルコニア-炭化ケイ素，ジルコニア-MgO(マグネシア)混合体，アルミナ-MgO混合体などの研究が行われている．

商用のマイクロ波加熱装置は，欧米で開発が進んでおり，たとえば，Autowave社では2.45 GHz，5 kW，ThermWave社では2.45 GHz，1.3 kWの製品が販売されている(図1.16)．その他に，5.8 GHz，500 W，1 kWといった製品も販売されている．マイクロ波加熱装置の応用範囲は，単に焼結体の作成だけでなく，食品工業の分野にも広範囲に採用されており，また，木材の乾燥などにも大量に応用されている．しかしながら，大型の実用装置はまだ実験段階のものが多く，米国では1987年より毎年，この分野のシンポジウムが開催されている．

図 1.16 Autowave 社の 2.45 GHz，5 kW マイクロ波加熱装置．

今問題になっている放射性物質の固化廃棄物の生成にも，マイクロ波加熱は有力な手段を提供するだろう．

焼結体セラミックスに話を限れば，Al_2O_3，AlN，TiO_2，ZrO，ZnO，PZT，PLZT，$BaTiO_3$ といった各種のセラミックス，圧電材料において，マイクロ波加熱の効果が詳細に研究されてきている．3 章で再びとりあげるが，マイクロ波焼結の特徴は低温，短時間焼結であり，高密度で微細な組織が得られ，焼結雰囲気に敏感な材料でも，大気雰囲気中での作業が可能である．高温度下では複雑な拡散現象が焼結体内で発生するが，マイクロ波加熱では温度上昇が高速で実行されるために，このような拡散現象による微粒子の成長が妨げられ，微細で均一な焼結体構造が生み出されるものと考えられる．実際に，マイクロ波焼結による密度が，理想的な固体の値に近い値を示す．

マイクロ波加熱の急速加熱性，あるいは選択加熱性の特徴を積極的に利用すれば，全く新しいセラミックスの創成も夢ではないだろう．このような課題は，これまで述べてきたように，ごく簡単な装置を作り上げることで出発することができるという点は，とくに注目すべきではないだろうか．電子レンジの場合でも，複数のマイクロ波発信器をとりつけることにより，そのパワーを簡単に増強することが可能である．

これまでの加熱方式では達成できないさらなる超高温加熱には，アークプラズマ加熱などの方式があり，5000℃以上の高温が得られるといわれている．筆者らはこの技術に触れたことがないのでその詳細は不明であるが，このような超高温の分野に挑戦するのも興味あることである．そのためには，これに関する専門書や文献を参照されたい．

2章　試作した試料の評価

2.1　光学顕微鏡による試料表面の観察

　光学顕微鏡といってもいろいろな種類があり，位相差顕微鏡，偏光顕微鏡，ラマン顕微鏡など高度の機能を有する顕微鏡があるが，育成した材料の評価に必要な顕微鏡は，一般的な顕微鏡で比較的倍率が大きいもので十分である．
　これは試料の表面を観察し，
　1) マクロな穴のような，大きな欠陥が存在しないかどうか？
　2) 表面の一部に，不純物と思われるような析出物がみられないかどうか？
といった点を，詳細に調べる目的で使用する．表面の状態を記録するCCD (charge coupled device) カメラが付属しているものは，後にもう一度，表面状態の観察結果を検討したいときに役だつ．現在では，パソコンの画面に取り込むことができるようになっているものもある．
　材料の研究の場合には，表面の観察のみではなく，もう1つ顕微鏡の下の拡大画面上でさまざまな作業，たとえば電極の半田づけ，極微小部分を機械的に削除する，といった作業が必要になる．これには，高い倍率というよりは比較的広い作業空間が得られることのほうが重要である．
　化学量論的に決まっている組成の原料から合成した材料であっても，目的に合致した材料ができているとはかぎらない．材料の育成はそれほど単純ではないのである．したがって，できあがった材料の中身を明らかにしておかなくてはならない．
　まず粉末X線回折による物質の同定から，話を始めることにしよう．X線の回折効果は，非常にむずかしい内容を含んでおり，これに精通するにはかなりの勉強と経験が必要である．一方，粉末X線回折による物質の同定は比較的

容易であり，だれでも取り扱うことができるという便利さがある．

2.2 粉末X線回折による物質の同定

規則的な原子配列をもつ原子面によるX線回折の現象は，原子面からのX線反射の干渉効果によるものとして，1913年W. H. Bragg（ブラッグ）とその息子W. L. Braggにより解明され，今日のX線回折学の基礎が確立された．

原子が結晶の単位格子内に複雑な位置をもっている場合でも，その代表点だけを取り出すと，比較的簡単な立体構造の格子を描くことができ，これについてある1つの傾きをもつ面を考えると，同じような格子点をもつ平衡な面の群ができる．これを格子面という．

ある一種の格子面は，結晶の単位格子軸に対して一定の傾きをもつ．また，ある一種の格子面は平行な面の集団からなり，これらは一定の間隔をもつ．格子面が1つの単位格子の稜と交差するときは，その単位格子長の整数分の1の点を横ぎる．ある面が a 軸と原点から a の長さで，b 軸とは原点から $b/3$ の点で交わり，c 軸とは平行（無限点で交わる）だとすると，

$$a/a, \ b/(b/3), \ c/無限, \ = 1, \ 3, \ 0$$

を面指数という．結晶学では，a, b, c 軸の順に指数を h, k, l とする．したがってこの例では，$(hkl) = (130)$ である．図2.1は，a 軸，b 軸，c 軸をもつ結晶面における，典型的な格子面を図解している．

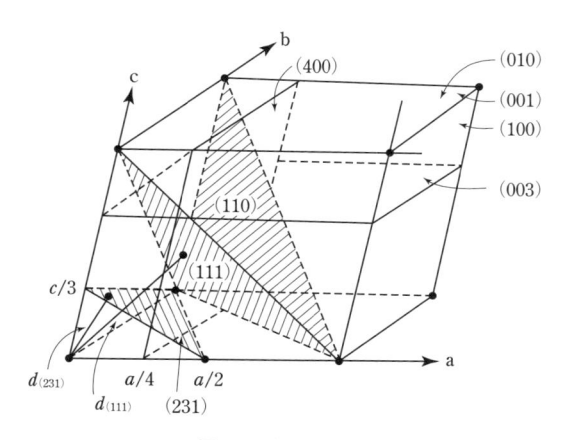

図2.1 格子面の例．

2.2 粉末X線回折による物質の同定

　X線が結晶によって回折されるとき，入射方向と回折方向が，図2.2に示すように，ちょうど(hkl)面を鏡の面とした光の反射のような幾何学的な関係にある．ただし，光の場合と異なり，X線の場合には，$|s| = 1/d(hkl)$の関係を満たす場合にのみ反射が発生し，この条件が満たされない場合には反射は起きない．$d(hkl)$は(hkl)面間の距離である．これが，

$$2\,d(hkl)\sin\theta(hkl) = \lambda \tag{2.1}$$

となり，有名なBraggの反射条件である（図2.3）．

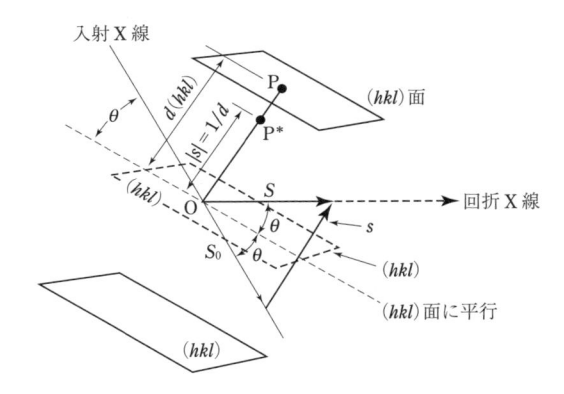

図2.2　X線回折と格子面の関係.

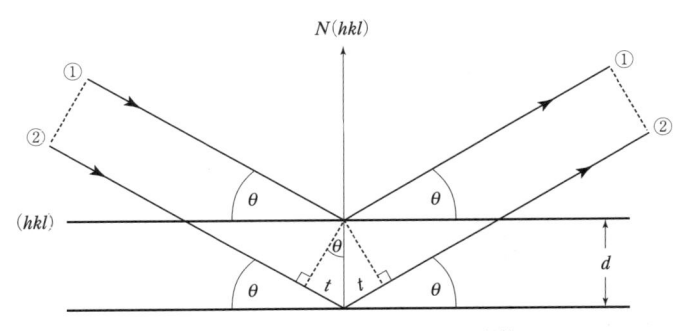

図2.3　X線反射の行路差とBraggの条件.

2.2.1 X線の発生

現在，おもにX線回折装置に用いられているX線管は，熱陰極型の二極真空管で，"クーリジ管"とよばれている．熱陰極から放出された電子は，陽極電圧により加速されて金属ターゲットに衝突する．このとき，大部分のエネルギーは熱エネルギーとなって放出されるが，同時にX線も発生する．発生するX線は図2.4に示すようなスペクトルをもつ．図から明らかなように，発生するX線は広い連続スペクトルと鋭い線スペクトルから構成されている．連続スペクトルは，電子がたまたま原子核に接近して，クーロン力に急激に軌道を曲げられて加速度が変化するとき，その軌道の接線方向に電磁波を放出することにより得られるものである．一方，エネルギーの大きな電子が，対陰極の物質を構成する原子の内核軌道電子を外角準位あるいは系外に励起することができる．これにより内核に空孔が発生し，この空孔に外核電子が遷移する．このとき，両エネルギー準位の差がX線として放出される．これは元素に固有なことから，固有X線あるいは特性X線とよばれる．電子遷移の組合せは，量子力学的な選択則によって決まる．その詳細については，X線解析の専門書あるいは量子力学の教科書を参照されたい．

発生した空孔のエネルギー準位がK，L核の場合，それに対応するX線の系列をK系列，L系列とよぶ．元素分布の目的には，主としてK系列が使われる．

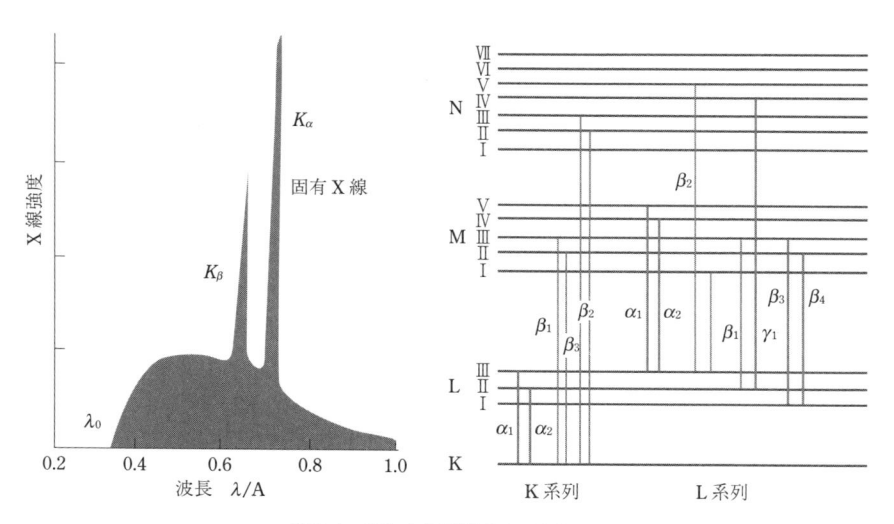

図 **2.4** 発生するX線のスペクトル．

2.2.2 粉末 X 線回折による同定分析

　粉末にした試料は微小な結晶の集合体であり，その結晶のある面(hkl)は空間的にあらゆる方向に均等にばらまかれている，と考えることができる．その集合体に X 線が入射すると，その方向でちょうど Bragg の条件を満たす微結晶が存在するはずである．そこで，回折計により入射 X 線の方向を回転し，あらゆる格子面からの回折強度を測定するという方法がとられる．

　この実験では，まず特性 X 線は，適当なフィルターを通過して単色化される．たとえば，最も強力な K_α 線の単色化には，Fe に対して Mn フィルターを，Cu に対しては Ni フィルターを用いて，FeK_α 線，CuK_α 線を得ることができる．

　試料粉末は正確に，ゴニオメーターの中心の所定の位置に設置されなければならない．ゴニオメーターは自動的に回転し，回折 X 線はカウンターに送られ，その強度は記録されてコンピューターに記憶される．回折パターンから，試料の格子面間隔 $d(hkl)$ が求められる．

　最近の X 線回折装置では，最も確からしい物質の同定を，回折線のデータから計算機でシミュレートして出力されるようになっている（図 2.5）．またASTM カードには，主要な d とその回折線強度が記載されており，これを利用して物質の同定を行うこともできる．

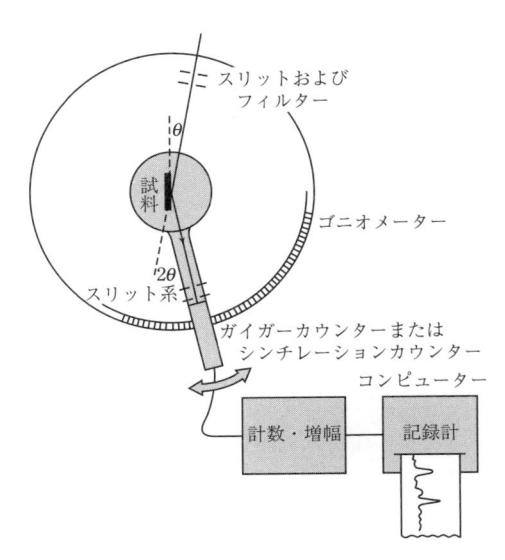

図 2.5　X 線回折装置の概要．

2.3 蛍光 X 線分析

2.3.1 蛍光 X 線分析とは

内核電子の励起に X 線を使用し，試料からの特性 X 線（蛍光 X 線とよばれる）を測定する方法を，蛍光 X 線分析という．X 線により内核電子を励起するためには，その内核電子の軌道エネルギーより大きなエネルギーが必要である．物質による X 線の吸収スペクトルを測定すると，図 2.6 のような不連続なスペクトルが得られる．この不連続の点を吸収端とよぶ．吸収端より高いエネルギーでは，X 線が電子の励起に使用されるために急激に吸収が増大する．吸収端のエネルギーは，その系列の蛍光 X 線放射させるための最低エネルギーを示している．内核のエネルギーは元素に固有であるので，蛍光 X 線の波長も元素に固有なものであり，したがって測定試料を構成する元素の分析を行うことができる．

蛍光 X 線分析の特徴は，
1) 一般に試料は特別な化学的処理を必要とせず，また試料が測定により破壊されることはない（非破壊分析）．
2) 適用元素は Na から U まで．測定時間も一般的に短い．同時に多元素分析も可能である．
3) 分析可能な範囲は，1 ppm から 100% までと広範である．

実際の測定法には，1) Bragg の法則を使って結晶により分光を行う波長分散

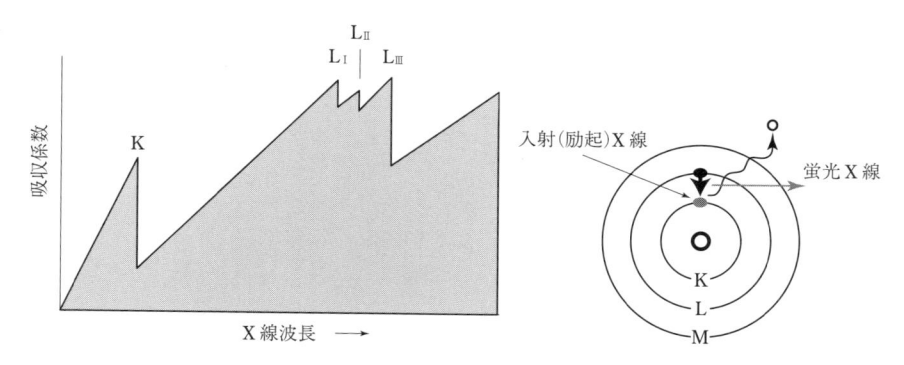

図 2.6 X 線の波長と吸収係数．

型と，2)エネルギー分解能をもつ半導体検出器を使用するエネルギー分散型，の2つがある．波長分散型は，エネルギー分解能は高い（たとえば10 eV）が，スリットを使用するので効率はあまり高くない．一方，エネルギー分散型では，分解能は150 eV程度であまりよくないが，効率はきわめて高い．この両方の特徴をみきわめて，分析に利用する．

蛍光X線分析における定量は，けっこうめんどうである．一般には，未知試料と化学的組成や表面状態が類似した，濃度が既知の標準試料を用意しなければならない．標準試料により，分析目的の元素濃度と蛍光X線強度の関係を求め，検量線を作成する．蛍光X線強度は濃度に比例するが，必ずしも直線関係にはない．蛍光X線強度は共存元素，とくに主成分元素の影響を受ける．これは，内部で発生した蛍光X線が，試料の表面に達するまでいろいろの吸収の効果があるためで，マトリックス効果とよばれる．

蛍光X線分析は，化学結合状態の分析などにも応用されている．また全反射蛍光X線分析では，半導体表面の超微量不純物（10^9 atoms cm^{-2}）の分析を可能にしている．

2.3.2 蛍光X線分析の例

北海道の檜山地方にブラックシリカとよばれる鉱石が存在し，岩盤浴の器材として使われている．基本的には，ケイソウ土にカーボンが混在した形になっているが，カーボンの由来については不明である．鉱石の形状をしたものは，わずかな電気伝導性をもっており，異常な温度依存性をもっている．この鉱石粉末の蛍光X線分析の例を，表2.1に示す．

ブラックシリカの主成分は二酸化ケイ素（無水ケイ酸，SiO_2）であり，ケイソ

表2.1 ブラックシリカの組成分析

組成成分	重量比(%)
SiO_2	81.4461
Al_2O_3	6.4397
C	5.2
K_2O	2.7937
MgO	0.9216
TiO_2	0.7701
Fe_2O_3	0.7308
Cl	0.5632
F	0.4807
Na_2O	0.1884
WO_3	0.0830

ウの殻から生成された非晶質と考えられる．二酸化ケイ素が重量比で80％以上であるが，ほかに酸化アルミニウム(Al_2O_3)が6.4％，炭素(C)が5％程度含まれている．Cは500℃程度に加熱することにより完全に除去される(燃焼し，二酸化炭素ガスとなって外部に放出される)．加熱後の試料は茶色味を帯びており，これはわずかに存在する酸化鉄のためであろうと考えられる．

鉱石状のブラックシリカが電気伝導性を示すのは，Cあるいは他の不純物を媒介するホッピング伝導とよばれるメカニズムによると考えられる．これについては，その電気伝導度の温度依存性，交流電気伝導度の周波性依存性といった点の議論が必要になるが，ここでは省略する．

ブラックシリカに大量の二酸化ケイ素が組成として含まれるならば，これから何とかして純粋なシリカゲルを生成することはできないだろうか．そこで，まずブラックシリカからCを除去し，これにほぼ同量の炭酸ナトリウムを加え，電気炉で1000℃で反応させる．全体的に溶融したら電気炉を止め，冷却後に反応るつぼを取り出し，これを純水に挿入して内容物を溶かす．このとき，全体を少し加熱すると水に溶けるのが促進される．溶けた溶液をろ紙でろ過すると，二酸化ケイ素のガラス状態の原液ができあがる．

$$3SiO_2 + Na_2CO_3 = Na_2OSiO_2 + CO_2 \tag{2.2}$$

このケイ酸ナトリウム溶液に塩酸を添加することにより，シリカゲルが生成される．これを脱水，乾燥させれば，固体状のシリカゲルが精製できる(図2.7，2.8)．

図2.7 得られた試料．左より，ブラックシリカ，二酸化ケイ素，シリカゲル．

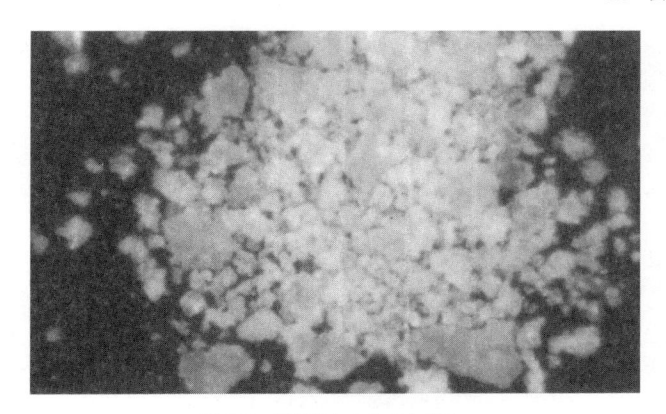

図 2.8 精製されたシリカゲル.

$$NaSiO_2 + 2HCl = H_2SiO_2 + 2NaCl \tag{2.3}$$

このシリカゲルを粉末にして蛍光 X 線分析してみると，二酸化ケイ素の製造過程で，強アルカリ性のケイ酸ナトリウム水溶液中では，アルカリ溶液に対する溶解度の小さな金属水酸化物が沈殿してくる（表 2.2）．したがって，かなりの金属イオン Fe^{3+}, Fe^{2+}, Mg^{2+}, Ca^{2+} などは，ろ過によって不溶解沈殿物として除去されることがわかる．ただし，Ti, Al は Si と置換型で取り込まれることが多く，これを完全に除去することは不可能である．これを除去するには，ケイ酸ナトリウム水溶液を十分にろ過したのちに，硫酸などで pH 1 以下に調整して，中和する方法がとられる．

強酸には，チタン酸イオンはよく溶ける．生成したゲルの洗浄には，付着したナトリウムイオンやその他の金属イオンを除くために，キレート剤あるいは

表 2.2 シリカゲルの蛍光 X 線分析

	試料 1	試料 2
SiO_2	77.0483	85.1738
Na_2O	20.3384	12.4939
MgO	1.2497	1.6589
Al_2O_3	0.7812	0.4397
K_2O	0.2090	0.1123
Fe_2O_3	0.1750	0.0560
SO_3	0.0962	0.0346
CaO	0.0562	0.0308
TiO_2	0.0459	—

過酸化水素を含む酸で十分の洗浄が必要となる．この手法では，99.999％程度の SiO_2 を精製できるといわれているが，そのためには，上に述べたような厳密な不純物除去の技術が必要である．

ゾル-ゲル法による材料の生成には，アルコキシド法という非常に興味深い方法があるが，筆者らはこの方法を実際に試した経験はない．ぜひ研究してみたい分野である．

以上に述べたように，材料の組成分析は良質な材料の開発にとって必要不可欠なものであり，X線解析，蛍光X線分析，透過電子顕微鏡写真は，なかでも最も重要なものである．いずれの分析も，公的試験機関や民間の試験機関に依頼することができる．インターネットで分析料金も調べることができるので，ある程度の材料の作製を終了した時点で分析の依頼をすることにより，今後の研究方針を確定することができるだろう．

3章　ファインセラミックス

　これまでは，とくにファインセラミックスという用語を使用してこなかったが，いくつかの焼結体を例にとりあげて，具体的な作製過程にも触れてきた．これらの材料は，近年になってその工業用品としての応用，たとえば切削工具や耐熱材料といったものが注目を集めるようになった．セラミックスは，もともと陶器が始まりであり，古い歴史をもった工業的な遺産ともいうべきものである．これがファインセラミックスとよばれるようになったのは，単なる陶器から，さらなる機能的性質が付加された材料となり登場するようになったからである．これについて，おおよその展望を試みることにする．

3.1　ファインセラミックスとは

　ceramics(セラミックス)は，粘土を焼き固めたものというギリシャ語を語源とするものである．もともとは陶磁器やガラス，セメントのような材料を指すのに用いられてきたが，現在では，非金属無機材料でその製造過程で高温処理を受けたものということになっている．最近のエレクトロニクスの発展に伴い，より制御された機能性を発揮できるセラミックスが要求されるようになった．より高い耐熱性，強靱(じん)性，精密加工性といったものが要求されるようになったのである．

　技術用語辞典によれば，ファインセラミックスとは，目的の機能を十分に発現させるため，化学組成，微細組織，形状，および製造工程を精密に制御された成形焼結加工によって作られたもので，主として非金属の無機物質からなるセラミックスと定義されている．ファインセラミックスという言葉は，京セラ(株)の創業者である稲盛和夫氏が，創業当初より使いはじめたもので，従来のセラミックスに比べて工業用部品として付加価値の高いものでなければなら

ず，物性的にも構造的にもファインなものでなければならないとした．ファインセラミックスの定義がどこまで適用されるのか，セラミックスとの境界はどこかといったことを厳密に議論することは，あまり意味のないことのように思われる．おおよその定義が理解されているといったところで十分である．

セラミックス製品は，硬度が高く，耐熱性にすぐれ，耐食性にすぐれ，電気絶縁性にすぐれた製品である．ファインセラミックス製品は，これらの性質に加えて，機械的，電気・電子的，磁気的，光学的，化学的に高度な機能ももつものである．この2つの最も大きな違いは，原料とその製造法に起因すると考えられる．セラミックスでは陶石，長石，粘土といった天然原料が用いられるが，ファインセラミックスでは，高純度に精製された天然原料や，化学的に合成した人工原料が使用される．表3.1に代表例を示す．

表 3.1 ファインセラミックスの例

材料	化学式	性質
チタン酸バリウム	$BaTiO_3$	高い誘電率をもつ
チタン酸(ジルコン酸)鉛	$Pb(Ti, Zr)O_3$	大きな圧電性をもつ
フェライト	$M^{2+}O \cdot Fe_2O_3$	透磁率が高く，絶縁性
アルミナ	Al_2O_3	機械強度・耐熱性大
フォルステライト(苦土カンラン石)	$2MgO \cdot SiO_2$	高周波特性が良好
ジルコニア	ZrO_2	最高の強度
ジルコン	$ZrO_2 \cdot SiO_2$	熱膨張係数小，耐熱性
ムライト	$3Al_2O_3 \cdot 2SiO_2$	耐熱性，耐衝撃性
ステアタイト	$MgO \cdot SiO_2$	電気的・機械的特性良好
窒化アルミニウム	AlN	熱伝導率大
窒化ケイ素	Si_3N_4	高温における強靱性
炭化ケイ素	SiC	軽量で耐熱性

セラミックスの歴史は，まず陶器の歴史から始まるので，いまから約1万年前の縄文時代までさかのぼることになる．いろいろな土器が発掘され，我々先祖の焼き物に関する技術の開発の歴史が展開されることになるが，その詳細はここでは割愛する．20世紀のエレクトロニクスの時代となり，エレクトロニクスの中核をなすトランジスターのパッケージが，セラミックスによって実現されるようになった．また，電子受動部品としてのコンデンサーやインダクターの小型化が，セラミックスによって実現可能となった．その後，さらに高い付加価値を有するファインセラミックスの時代に入ってくることになる．ファインセラミックスの1つの特徴は，その硬度が高いという点である．物質の硬度は，とがったダイヤモンドを強い力で押しつけてできた傷の大きさを調べて決

表 3.2 ファインセラミックスの硬さ数の例

材質	硬さ数(Gpa)
炭化ケイ素	23.0
サファイア	22.5
サーメット	16.2
アルミナ	15.2
窒化ケイ素	14.0
ジルコニア	13.2
ムライト	10.8
窒化アルミニウム	10.4
イットリア	6.0
ステアタイト	5.8

める．これをビッカース(Vickers)硬さ数という．表 3.2 にこの硬度の実際の例を示す．ファインセラミックスの厳密な定義は上に述べたようなものであるが，我々は，もう少し緩やかで柔軟な定義のもとで，この分野に入っていくのがいいのではないかと，筆者は考えている．

　電気炉を自作し(1 章参照)，興味ある材料を適当に選択して，まず焼き物を作ってみる．何回かの失敗の末にいくつかの教訓が得られるはずである．そのとき，なるほどファインセラミックスを作るのはかくもむずかしいものか，ということを実感することがたいせつである．

3.2 ファインセラミックスを作ってみよう

　1 章で高温用電気炉の試作のことを述べてきたが，実は筆者には最初からファインセラミックスを作製してみたいという願望があった．ファインセラミックスを作製するには，少なくとも 1500℃ 以上の高温での焼結過程が必要になるので，あえて高温の電気炉の試作に執着したのである．酸化物系セラミックスの作製に話を限定するならば，電気炉の雰囲気の制御はほとんど考慮することなく，大気雰囲気中の作業のみで試料を作製できるという利点をもっている．マッフル炉でもファインセラミックスを作製することは可能であるが，マッフル炉の場合には，熱負荷が大きいために，材料が焼結温度に到達するのに時間がかかる．筆者らは，いろいろなファインセラミックスの作製を試みたいという願望から，昇温時間の短いコランダム電気炉を使用することにする．

　ファインセラミックスの特性は，原材料の純度，粉末の粒子径，粒子形状といったものに大きく依存することが，経験的にも理論的にも知られている．し

かし筆者らは，自分で原材料を調製することはできないので，できるだけ純度の高い材料をメーカーより購入するところから出発することになる．ファインセラミックスの原材料は，できるかぎり純粋な材料であることが望ましい．日本には，数多くのファインセラミックス原材料を提供している会社があり，容易にインターネットで検索できる．

筆者らはまず，
1) 円筒状の MgO 系のるつぼに，図 3.1 に示すような真ちゅう（黄銅）製のピストンを使用して，ファインセラミックスの粉末を加圧するという方法をとった．加圧の大きさは，るつぼが破壊しないように注意し，おおよそ $20 \sim 35$ kg cm^{-2} の程度とした．
2) ほぼ 20 分程度加圧したのちにピストンを除去し，るつぼを電気炉に挿入する．おそらくこの過程で一部，加圧効果の緩和が発生していると思われるが，これを無視して実験を続行した（加圧加熱装置があればいいのだが，これはきわめて高価である）．

以上の操作により，いくつかの典型的なファインセラミックス焼結体の作製を試みた．

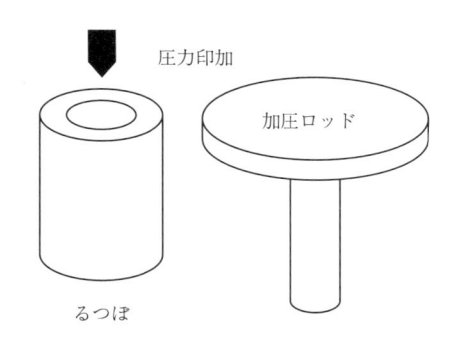

図 3.1　るつぼと加圧器具．

3.2.1　ZnO 焼結体を作る

落雷などによって発生する過渡発生電圧（サージ電圧）から電力機器を保護する避雷器は，電力設備の信頼性の向上に大きく寄与してきた．1980 年代からは，ZnO 型の避雷器がその主流をなしている．したがって，ZnO（酸化亜鉛）の焼結体の研究は，比較的早い時期からスタートしている．

筆者らは，まず 99.999％の純度をもつ酸化亜鉛の粉末を使用する．上記の加

圧過程を行ったのちに，るつぼを電気炉に挿入する．電気炉はあらかじめ1200℃程度に余熱しておき，るつぼを挿入後1650℃まで急速に加熱し，そのまま20分程度この温度で加熱を持続する．その後，電気炉の電源を切断して，ゆっくり温度を下げる．筆者らが試作した電気炉は，上記のように熱的な負荷が軽いので，比較的急速に温度を下げることができる．また，上方よりるつぼ内をのぞくことができ，温度上昇とともに焼結反応が進行し，最初の材料の形状がしだいに縮小していくことがわかる．これは，肉眼の観察である程度，焼結状態がわかるということで，単純ではあるが重要な観察ポイントである．白色の固い酸化亜鉛の焼結体は上の過程で簡単に得られるが，実際にいろいろな応用，たとえば避雷器などへの応用を考えると，多くの問題が存在する．焼結体の堅さは焼結温度に大きく依存するが，焼結温度をあまり高くすると，るつぼから未知の不純物が混入してくる可能性がある．また筆者らの自作の電気炉では，せいぜい1750℃程度が高温の限界で，これ以上にすると発熱体が短時間で破壊されてしまう．比較的低温(たとえば1550℃)で焼結すると，粒界の結合が弱く，外力で容易に崩れてしまう．このことは，いろいろなセラミックス製造の初期からよく知られた事実であり，これを解決するためにいくつかの技術的な手段がとられてきた．

　ZnOの純粋な粉末から試作した焼結体(図3.2)は，十分に収縮した固体となっているが，その密度は思ったほど高くなく，理想的な焼結体は，得ることがなかなか困難であることがわかった．Sb_2O_3, Bi_2O_3といった不純物を母体に混合すると，母体粒子径が小さくなり，粒界の数が増加して，構造の緻密化が実現するということは，以前より知られていた．Sb_2O_3, Bi_2O_3はその融点がZnOよりも低いので，早く溶けてZnO微粒子の結合を促進するのであろう．ZnO焼結体の構造を透過電子顕微鏡で観測すると，コア/シェル構造をしている．これは，5〜10 μm程度のZnO結晶微粒子を0.1 μm程度の高抵抗層が取

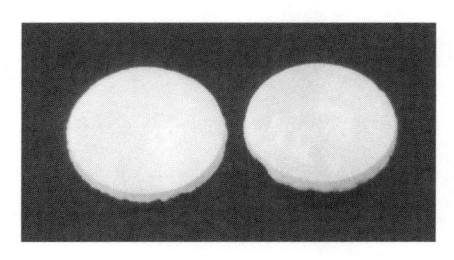

図3.2　実際に試作したZnO焼結体.

り囲み，この薄い層を介して焼結粒子が結合するという，不均一構造をとっている．この粒界は，粒界に特有な不純物準位(欠陥や材料に含まれる不純物)をもつ非対称なポテンシャル障壁をもち，これは強い非線形な電流-電圧特性をもつ．できた試料を平行平板型に加工し，両面にシルバーペーストを塗布して電極とし，その電流-電圧特性を測定する．実際には高電圧パルスを印加し，その応答を測定する．

　ZnO 焼結体は，微細な ZnO の結晶粒が高抵抗絶縁層の粒界に囲まれた構造をしている．これが上記のコア/シェル構造である．電圧を加えると，大部分が抵抗の大きな粒界に加えられることになる．粒界は，以下に示すような障壁を構成しているために，電流-電圧特性は非線形な応答をするようになる．この特性は近似的に，

$$I = (V/C)^m \tag{3.1}$$

のように表すことができる．ここで，I は電流，V は電圧，C は電圧の次元をもつ定数である．この特性はバリスタ特性とよばれているが，粒界に発生する二重ポテンシャル障壁によって説明されている(ポテンシャル障壁については，5.3 節を参照されたい)．粒界に付着した酸素，あるいは不純物の金属イオンが電子トラップとなり，空乏層を形成して，非線形伝導を生み出すものと考えている(図 3.3)．

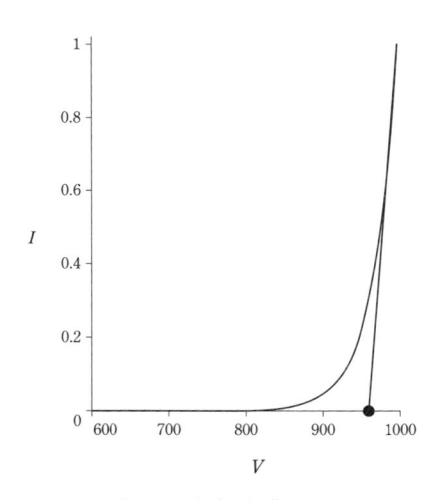

図 3.3　非線形伝導の例．

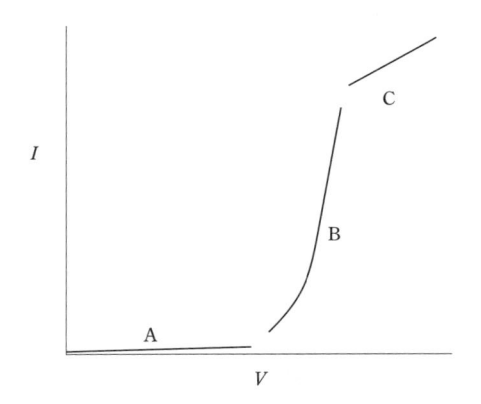

図 3.4　電圧全領域での電流特性.

　実際に，この試料について電流-電圧特性を測定すると，その特性は図 3.4 に示すように，A, B, C の 3 つの部分に大別される．A の領域は非常に小さな電流しか流れない領域，B は急激に電流が増大する領域，最後の C の領域では試料は完全に近い純抵抗の状態となる領域であり，これをオーミックな領域とよぶ．B は最も非線形性の大きな領域であり，これを越えるとオーミックな領域になっている．

　この特性で，とくに注目すべき点は，高い電圧領域において非線形特性が消失し，オーミックな特性が見られるということである．高電圧において障壁の効果が消失することのメカニズムはなんだろうか．これには多くの議論が交わされたが，Pike(G. E. Pike, *Mater. Res. Soc.*, **5**, 369(1982)) によって提案されたモデルが，現在受け入れられているようである．高い電圧で加速された電子は，障壁を越えて原子と衝突することにより，電子-正孔対が生成される．正孔は電場によって粒界に引き寄せられ，そこに存在するトラップと再結合することにより，トラップの濃度は低下する．この低下により障壁の高さは減少し，電流が急速に増大する．これが Pike のモデルの概要である(図 3.5)．筆者らの試料は，不純物の添付によりバラクター電圧が 2〜3 倍程度上昇する．これは，焼結体の構造が緻密化されて粒子径が小さくなり，耐圧性が増大するためである．

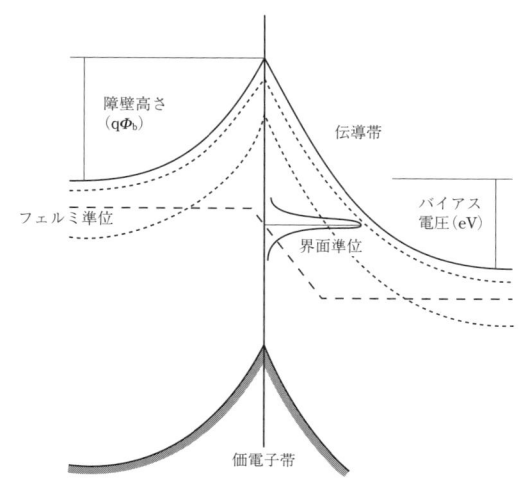

図 3.5 粒界のポテンシャル障壁のモデル.

3.2.2 TiO_2 焼結体を作る

　酸化チタンは，比較的簡単な組成の酸化物であるにもかかわらず大きな誘電率をもっており，単結晶の場合にはその相対誘電率は 85.8(11)，170(33) という値をもつ(方向により誘電率に違いがある)．現在では，チタン酸バリウムのような大きな誘電率をもつ材料が開発されたために，コンデンサー素材としてはあまり利用されなくなったが，その特異な物性はいまでも研究の対象になっている．

　酸化チタン焼結体の欠点は，高純度の素材を用いて焼結を行った場合に，しばしば低抵抗の半導体となってしまい，高い絶縁性が実現されなくなるという点である．そこで筆者らは従来からの研究を参照し，1)TiO_2 + WO_3 混合体, 2)TiO_2 + Bi_2O_3 混合体をとりあげ，各種の混合比の粉末の焼結を試みた．焼結温度は 1250 〜 1300℃で，純粋な TiO_2 の焼結温度よりも約 100℃ 低い温度に設定した．その結果，得られた焼結体はいずれも高い絶縁抵抗を示した．その電流－電圧特性の例を図 3.6 に示すが，興味深いことに，その特性は不純物トラップを含む空間電荷制限電流の形となり，添付した不純物が深い準位のトラップを形成していることを示唆した結果が得られている．

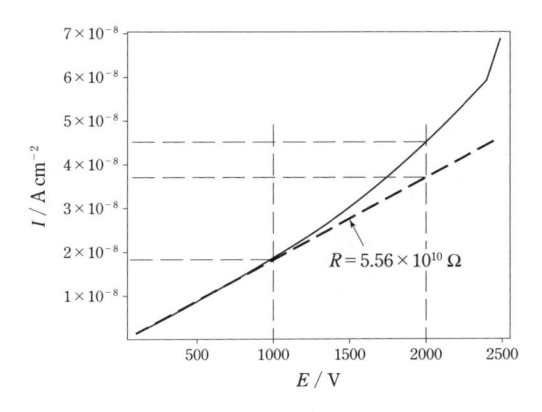

図 3.6　電流−電圧特性

3.2.3　2MgO・SiO₂ 焼結体を作る

　2MgO・SiO$_2$ は，天然鉱石フォルステライト（苦土カンラン石，forsterite）として産出されるものであるが，この物質は，マイクロ波における損失が少なく，また高温における絶縁性もすぐれているために，実用価値の高い物質である．そこで，純粋な素材を用意して 1750℃ で焼結を実行したが，強靭な焼結体を作製することはできなかった．過去の実験例を検索してみると，この焼結体の作製は非常にむずかしいことがわかった．そのため，何か接合材となる材料を探すことが必要であるが，これを選択するための基準というものがあるわけではない．したがって，ある意味では見当もつけずに探しまくるという方法しかないということになる．手元に，2.3.2 項で触れたブラックシリカの粉末があったのを思い出して，これをさらに混合体に加えて焼結を試みた．ブラックシリカには，6% 程度の酸化アルミニウムが存在している．その他に，微量ではあるが K$_2$O，TiO$_2$ などの不純物も存在している．実際にこれらの不純物のうち，どの不純物が焼結に有効に働いているかは今のところ不明であるが，接合材効果というものの存在は，古くから実験的によく知られている．

　純粋な素材では焼結が困難なものでも，適当な接合材を探すことによりファインセラミックスとして登場させることができる．問題は，どのような指針によって接合材を発見するかが課題であるが，今のところ過去の実験例を参考に実験を試みる，という方法しかなさそうである．

　図 3.7 の左の写真は，神天石（ShintenSeki）という商品名のブラックシリカの

3章　ファインセラミックス

図 3.7　ShintenSeki 粉末(左)と焼結 ShintenSeki-TiO$_2$(右).

表 3.3　ファインセラミックスの熱伝導率

材料名	熱伝導率(Wm^{-1} K^{-1})(室温)
AlN	150
SiC	60
Al$_2$O$_3$	32
Si$_3$N$_4$	20
ZrO$_2$	3

粉末を示したもので，右は，この神天石に MgO を 2:1 の重量比で混合したものの焼結体を示す．ブラックシリカ中の炭素は焼結中に完全に蒸発し，黄色味を帯びた白色のセラミックス型の焼結体が生成している．

　ファインセラミックスの応用面で重要と思われる物理量の 1 つに，熱伝導率がある．これは，半導体集積回路の放熱，ヒートポンプへの応用といった応用面が考えられる．表 3.3 は，各種ファインセラミックスの熱伝導率を示すものである．ここで注目すべきは，窒化アルミニウムが，きわだって大きな熱伝導率をもつことである．なぜこのような高い熱伝導率が実現できるのか．これはよくわからない難問の 1 つであるが，フォノン–フォノン散乱によるフォノンの平均自由行程の長さが，なんらかの理由によって長くなっているのではないかといわれている．AlN 以外で高い熱伝導率を示す材料はないのか．どうもそれが意外にもないのである．電子が輸送現象の主体である場合には，熱伝導率の大きな材料は電気伝導度も大きい．我々は，もう少し AlN の熱伝導率について，ミクロな要因を深く追求する必要があるだろう．これによって，新たな熱伝導材料が発見できるかもしれない．

3.3 焼結の駆動力と焼結の進展

これまで主として酸化物の焼結体をとりあげ，実際の焼結例を示しながら議論を展開してきた．金属の酸化物は一般にその融点が高いために，単結晶の引き上げは特殊な超高温装置が必要になり，液相からの引き上げに成功している事例は少ない．実際の焼結体では，融点の 1/2 以下の温度で実行されるために，粉末から堅い固体が成形されるメカニズムは非常に興味ある課題であり，かつ実用的にも重要な問題である．金属酸化物の粉末に圧力を加えたとしても，常温に放置されている場合には特別のことは発生しない．ところが，加熱を行うと堅い固体が形成されるということは，いったい何が起きているのだろうか．ボールを 2 個手に持って，力を加えて互いに押しつけると，押しつけられた面はへこむ．しかし，手を離すともとに戻ってしまう．

焼結に使用する粉末の微粒子を球体としよう．これが点で接合している状態から，温度の上昇により互いに内部に食い込んでいき，くびれを作る．これが焼結の始まりであろう(図 3.8)．くびれを作る駆動力は表面張力である．表面張力 T は，定温定容で微小表面 dS を生成するのに必要な仕事を dW とすると，

$$TdS = dW \tag{3.2}$$

で定義される．表面エネルギー γ は表面張力と等価な物理量であり，表面エネルギーの主たる部分は，表面で切断されて失った結合エネルギーである．単位面積あたりの表面エネルギーは，近似的に，

$$\gamma = \alpha ZV/\beta l^2 \tag{3.3}$$

で与えられる．ここで，Z は配位数，V は再近接原子間の結合エネルギー，l は原子間距離，α, β は定数である．

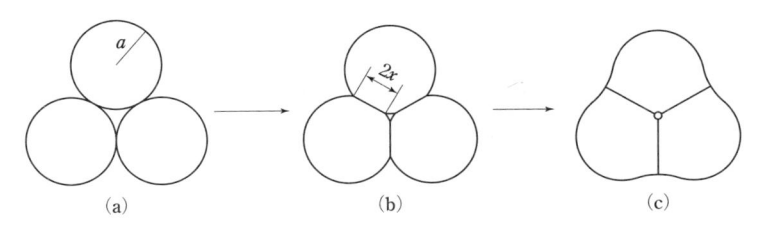

図 3.8 焼結の始まりの模式図．

半径 a の球を考え，この単位面積に応力 σ が垂直に作用して，球の半径が $\mathrm{d}a$ だけ収縮したとする．応力が球に与えるエネルギーは，

$$4\pi a^2 \sigma \mathrm{d}a \tag{3.4a}$$

応力の作用により収縮して失った表面エネルギーは，

$$4\pi \{a^2 - (a - \mathrm{d}a)^2\} \gamma \tag{3.4b}$$

この両者が等しいとおいて，$\mathrm{d}a$ の高次の項を無視すると，

$$\sigma = 2\gamma/a \tag{3.4c}$$

となる．図 3.8 のようなアレイ型の首部分では，曲率が凸面では正，凹面では負になる．全体として表面応力を P とすると，

$$P = \gamma(1/x - 1/\rho) \fallingdotseq - \gamma/\rho \,(x \gg \rho) \tag{3.5}$$

となる．ρ は凹面の曲率であり，(3.5)式の意味は，曲率が小さいほど応力は大きくなるということである．

この応力により首部分の直下に欠陥が過剰に導入され，この欠陥が移動することにより粒子の移動が行われることになる．したがって，これは物質の拡散現象が起こることを意味している．Kuczynski (G. C. Kuczynski, *Trans. AIME*, **185**, 169 (1949)) は，この等大球モデルにより初期焼結の速度式を提案している．必ずしも等大球間のみで焼結が行われるわけではないが，ものごとを明確にするためには，まず単純なモデルから出発するのが妥当である．焼結体の収縮率は，このモデルによれば，

$$\Delta L/L = (H\gamma\Omega D/a^l kT)^m \, t^m \tag{3.6}$$

の形で与えられる．ここで，H は定数，Ω は原子の体積，D は拡散係数，l，m は焼結機構に依存して決まる定数で，$l = 3 \sim 4$，$m = 0.3 \sim 0.5$ の値をとる．a は球の半径である．半径 a が小さいほど，また D が大きいほど収縮率が大きい．

我々はこれまで経験的に学んできた焼結の実験について，ある程度の指針がこれによって示されていることに注意しよう．

1) 粒子径が小さい粉体を利用するほど，焼結体の緻密化が早く進行する．実際に市販されている粉末は，おおよそ 0.5 μm 程度のものが多い．特別な熱分解反応を使うと，0.1 μm 程度までいけるということである．現在流行のナノ

技術を使うと，もっと細かな粉を作ることができるだろう．ただし，粒子を微細にしていくと粒子間の相互作用が大きくなり，粒子どうしが付着して大きな二次粒子を構成するようになる．これでは，なんのために微細な粉を作製したのかわからなくなってしまう．今度は，二次粒子を構成しないような技術を，新たに開発しなければならないことになる．

2）収縮率は D に大きく依存している．この拡散係数は点欠陥濃度の拡散を意味しているので，不純物の添付などにより格子欠陥濃度を増加させることができれば，D を大きくすることができる．一方 D の小さなセラミックスでは，緻密化はかなりの高温でないと達成できない．

これらの結論は，これまでの実験結果をよく説明するものである．それは，モデル化に際してこれまでの実験結果を参照しているためである．このモデルでは，簡略化された固相のみを考えているが，実際にはもっと複雑な相が混在する場合も多く，話は複雑になる．また，焼結の最終段階では粒界の成長も問題になるだろう．粒界の成長は早すぎると，気孔が内部に取り残されるという問題が発生し，緻密化の障害となる．微量の添加物により粒界の成長を抑制したとする実験結果も多数発表されているが，一方，添加物により成長が促進されるという報告もあり，話は複雑で決着はついていない．これらの問題も，これからのよい研究テーマとなるのではないだろうか．

3.4　再びマイクロ波加熱について

ここで，再びマイクロ波加熱の問題に立ち返る．それは，焼結体の緻密化に直接関連しているためである．1章で詳細に述べたように，マイクロ波加熱は独特の加熱法であり，早い時期から一部の技術者により，鉄道の枕木の乾燥に積極的に利用されていた．その後この高速な昇温特性は，セラミックスの分野でも注目されるようになってきた．幸運なことに，電子レンジの普及により 2.45 GHz 用のマグネトロンが大量生産されるようになって，マイクロ波加熱用の大電力発信器が安価に入手可能となった．最近のマイクロ波加熱の技術的な発展はめざましいものがあり，いろいろな圧電材料や高耐熱材料が多数試作されている．

ZrO_2（ジルコニア）は，融点が 2715℃，沸点 4300℃ のきわめて安定した材料であるが，このジルコニアおよびアルミニウムとの混合体の損失特性は，図 3.9 のようになっている．この図より，ZrO_2 においても，高温における電子の励起により損失特性の急激な上昇を実現できることがわかる．とくに 1200℃ 以

3章　ファインセラミックス

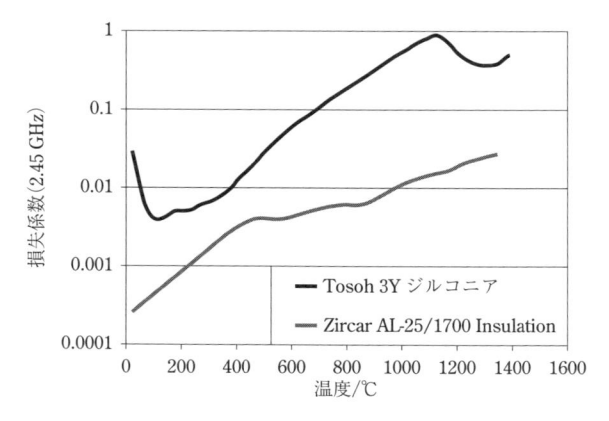

図3.9 ジルコニアおよび Al との混合体の損失係数特性.

上で損失特性が大きくなっており，高温における加熱特性にすぐれたものが発揮されると期待される．

実際このような加熱特性を利用して，粒子径のきわめて小さな焼結体が試作されている．実際に電子顕微鏡により観察を行うと，粒界の大きさは平均で $0.2\,\mu m$ の程度であり，焼結体の密度は理論値の 99.9%，その硬さ数は 13.5 Gpa の程度となる．

歯科医が入れ歯などに使用するセラミックスの需要は，年々高まっている．とくに高品質のセラミックスが要求され，加工ひずみがなく，長年の使用によっても変形や摩耗のないファインセラミックスが必要とされているのである．大型の絶縁材料を工業的に製造するのは，かなり困難な事業であるが，マイクロ波加熱の技術により，従来 48 時間を要した加熱作業も 8 時間で十分な状態が達成されており，エネルギーの節約に大きく寄与している．また，興味あるマイクロ波加熱の応用として，燃料電池から金属（主として白金）を採取するという試みも行われており，99% の採取率が達成されている．さらなる高温材料をめざし，$SiO_2 \cdot ZrO_2$，$MgO \cdot ZrO_2$，$MgO \cdot Al_2O_3$ の混合体の焼結，およびそれらの高温特性やそれらの相図の研究が，現在進行中である．

わが国においても，マイクロ波加熱の研究は，セラミックス関連の会社や研究所で行われている．これらの研究報告書によれば，たとえばマイクロ波加熱による ZnO バリスターでは，電気炉で作製されたものと比較して，非線形係数の大きなものが得られること，またバリスター電圧はマイクロ波加熱によるもののほうが高くなっており，結晶粒子径が小さくなっていることが，電子顕

3.4 再びマイクロ波加熱について

微鏡の観察から明確に示されるなど，明らかにされている．PZT のような複合体をマイクロ波加熱すると，局所的な加熱むらが発生するが，試料に SiC の板を挿入することにより，この局所加熱を防止できることが明らかにされている．また圧電特性は，マイクロ波加熱による試料のほうが良好であるという報告もされている．

　マイクロ波加熱の技術は，非常に多くのプロセス分野に進出しており，たとえば次のようなものがあげられる．すなわち，乾燥技術，結合物質の除去，加熱による熱分解，揮発成分の除去(calcination(か焼)とよばれる)，焼結，結合，ろうづけ，化学処理プロセス，などである．また，これらの具体的な応用面としては，絶縁体，透明伝導体，半透明セラミックス，センサー，バラクター，コンデンサー，腐食防止材，歯科用セラミックス，触媒材料，ゼオライト，スパッター用ターゲット，超音波フィルター，磁性材料，クレイ材，といったものがあげられるだろう．

4章　実験室における単結晶の育成

　シリコン単結晶のような超高純度の単結晶は，大学の一般的な研究室では製造が困難であろうが，特異な性質をもつ単結晶をある程度の高純度を保持して育成することは，それほどむずかしいことではない．ただし，単結晶の育成を試みると，全く想像もしていないような困難な問題に遭遇する．以下に，筆者らが実際に体験した単結晶育成に関する問題の具体例を示し，"執念深い"実験の積み重ねが成功への道程であることを示そう．

4.1　ブリジマン炉の試作

　それは研究室が発足して間もない時であったため，これといった研究装置も予算も十分になかったために，装置はすべて自作という極端な条件で出発せざるを得なかった．まず研究目標としては，あまり研究の進展していない層状半導体の研究を実行することにした．理由は，この物質が結晶の主軸方向とこれに垂直な方向で，各種の物性パラメーターに大きな異方性を示すことが期待できたからである．しかし，まず目的の単結晶を育成するための道具だてを作りあげる必要がある．そこで，筆者らは，ブリジマン型の電気炉を自作することにした．

　ブリジマン炉は，原料の素材を溶融した後にこれを温度勾配ある電気炉中をゆっくり引き上げていき，液相から固相を析出する際に単結晶として生成されてくるものである（図 4.1）．種（たね）結晶を用意する場合もあるが，一般には微結晶から大きな単結晶が生成される偶然を期待する場合も多い．筆者らはこの後者の場合を採用した．直径 10 mmϕ のチタン棒を購入，これを町工場に持ち込んで，ねじ切り加工を依頼した．チタン棒はかなり粘り気があるので，とくにねじ切りは嫌われるが，そこを何とか頼み込んで加工を行ってもらう．こ

4章　実験室における単結晶の育成

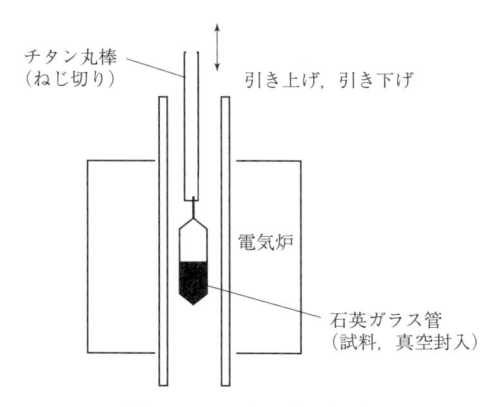

図4.1　ブリジマン炉の概要.

れとパルスモーターを組み合わせて，チタン棒をゆっくり上下する機構を，これも町工場に頼み込んでなんとか作り上げてもらう．1000℃以上の高温における引き上げを行う場合には，チタン棒よりは白金のワイヤーを使うほうが便利である．酸化による腐食が少なく耐久性にすぐれているので，何度でも使用可能である．ワイヤーは，プーリーで受けて巻き上げようにすれば機構的には簡単になる．

　筆者らは直径 10 mmϕ の石英ガラス管を使って，これに試料粉末を挿入し，真空排気した後に石英管の封じ切りを行った．石英管の加工と洗浄には，注意深い取り扱いが必要である．石英管の加工は，酸素とプロパンガスの混合ガスをガスバーナーで燃焼して使用する．酸素やプロパンガスは爆発の危険があるので，ガス漏れに十分な注意と点検が必要で，減圧弁を必ず挿入しなければならない．石英管の加工は，通常のガラスの加工よりもかなりやっかいなものであるが，しんぼう強く練習すれば上手になる．加工後の石英管は，これを化学的に洗浄しなくてはならない．フッ酸を使用して石英管の表面を削りとってしまうわけであるが，これはきわめて危険な薬品であり，プラスチック以外のものは何でもとかしてしまうと考えたほうがよい．ビニール製の手袋は絶対に必要であり，仕事はドラフト内で行う必要がある．洗浄後の廃液は，廃液処理場に提出しなければならないので，近くの廃液処理場の詳細をチェックしておき，定期的に提出する．

　以上のように，単結晶育成の前段階に行わなければならないプロセスが各種あってかなりめんどうなものであるが，ここで手抜きをするととんでもない目

にあうことになる．自然界の判定はほんとうに厳しいということが，実験してみるとよく理解できる．恥ずかしい話であるが（今では時効になっていると思う），ある年の正月に徹夜で実験をする羽目になったとき，これを甘く見て大失敗をしたことがある．正月であるので，つい祝い酒をやりながら実験を続けたが，これにより注意力散漫となり，必要な手順をごまかしたために，電気炉が爆発を起こしてしまった．すべてが最初からやり直しで，高価な試料を再び購入しなければならない事態となってしまった．このように，ちょっとした手抜きが時間と予算の浪費を招くのである．

4.2　InSe 単結晶の育成

　いよいよ，In と Se の混合体から層状半導体を試作のブリジマン炉で試作することになった．99.999％の純度の In と Se を購入し，電子てんびんで 0.1 mg までの精度で試料の重量を測定し，化学量論的に配合して，前節の処理を完了した石英管に挿入し，真空排気後（10^{-6} torr 程度）封じ切りを行って，ブリジマン炉に挿入した．引き上げの速度は 1.5 mm h^{-1} の程度であるので，結晶成長にはおおよそ 1 週間程度かかることになる．

　初期段階において数回の結晶成長を試みたが，いずれも単結晶の成長をみることができなかった．ブリジマン炉はコンクリートの床に単純に設置されており，特別に除震に配慮していなかった．これは決定的にまずい設置方法であり，学生が装置の付近を通過するだけで，ランダムな力学的振動が装置に加えられる．この雑音的な低周波機械振動をきちんと定量的に測定したわけではないが，偶然にも，冬休みとなって学生の出入りがほとんどなくなる正月の初めに結晶を引き上げると，よい単結晶部分を含む試料が得られることから，筆者らはこの点にようやく気がついた．おそらく，これは単結晶育成の専門家の間では常識となっていることであろうが，なにしろ初めての素人には全く不明な点であった．本格的な除震装置を導入するには，比較的大きな予算が必要である．筆者らにはその余裕がなかったために，簡易型の除震装置で急場をしのいだ．小型車のタイヤが比較的よい除震装置となることを，偶然にも知ることができ，これは非常に役にたった．今でも，精密な X 線回折装置などでは，このタイヤでの除震は使用されているそうである．

　これで問題がすべて解決したようにみえたが，どうも何かおかしいのである．単結晶ができる場合と，できてもさまざまなタイプの混晶の繰り返しで，確実な結果が得られない．筆者らは，ここでもう一度降り出しに戻って，In-Se 系

というものを見直す必要に迫られたわけである.

In-Se 系では,種々の結晶構造をもつものが存在可能であり,その結晶構造は,六方晶系(2H-β)または菱面体(3R-γ)のものが存在する.さらに,3R-γ における積み重ね欠陥(stacking fault)のエネルギーが,弱い van der Waals 型の相間結合力のために非常に小さく,局所的に 2H-ε と 2H-β の両方の型をとることが可能になっている.これを結晶のポリタイプとよぶが,このようなものが混じり合っていると,単一な相の InSe とはならない(図 4.2).さてこうなってくると,ついに In-Se 系の状態図を再検討するというところまで,問題を掘り下げことが必要になってくる.

(A)

(B) D_{6h} β 型

(C) D_{3h} ε 型

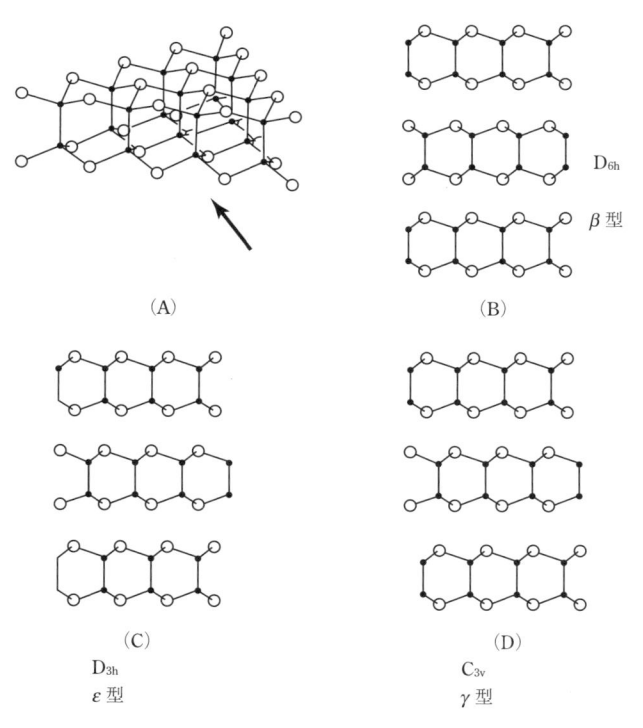

(D) C_{3v} γ 型

図 4.2　In-Se 結晶のポリタイプ.矢印は,結晶を見る方向を示す.

まず,In-Se 系の状態図(相図とよばれる)を図 4.3 に示す.この状態図は,北海道工業大学の今井和明教授(現在)によってはじめて明らかにされたもので,示差熱分析装置を使って詳細な Se の重量比の異なる In-Se 系の試料を作

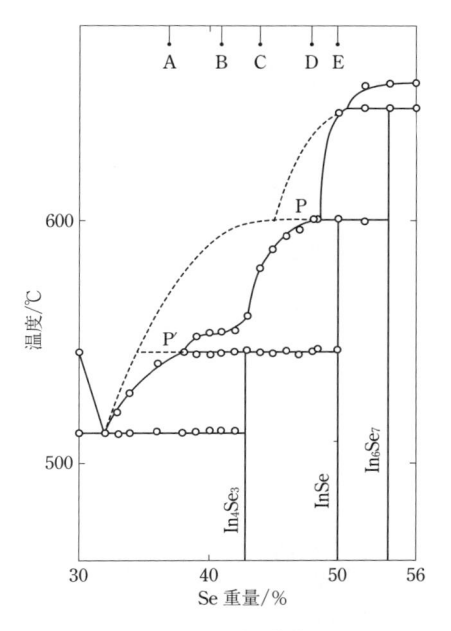

図 4.3 In-Se 系の状態図.

成する．これを 800℃ で完全に反応させた後に室温に急激に戻す（これをクエンチという）．これから 25 mg を試料として取り出し，白金の皿に載せ，酸化を防止するためにアルゴンガス中において，試料の温度を 2.5℃/分の速度で上昇させながら，微小な発熱，吸熱の状態変化を測定する．非常に時間を要する実験であり，かなりの忍耐力が必要である．示差熱分析には標準試料を必要とするために，筆者らは $\alpha\text{-Al}_2\text{O}_3$ を標準試料とした．

この詳細な基礎実験の結果，In-Se 系においては，
1) In_6Se_7，InSe，In_4Se_3 といった多様な結晶が成長可能である．
2) P 点，P' 点に示すように，この系では包晶 In 反応が起きる系である．

という特徴的な点が明らかになった．これらの事実を検討した結果，筆者らは，従来と異なる新しい結晶成長法を試みることになった．それは，最初の試料を In 1.04, Se 0.96 とする非化学当量的な試料から出発するというものである．これによって，最初に InSe が液層から成長し，最後に In_4Se_3 が残るという結果になった．従来の方法では，まず In_6Se_7 が最初に固相と出てくる．この後に InSe が出現するという過程を通るために，良好な結晶が得にくいというこ

4章 実験室における単結晶の育成

とが，ようやく理解されたのである．

結晶の成長は，短時間には達成できない．したがって，上記ような実験は時間との勝負というようなところがある．失敗の連続で，いつになったら満足な材料が完成するのか，全くわからない時がある．このときにだめだとやめてしまうか，自分の考察結果を信じて実験を続行するか．ここのところが勝負の分かれめでもある．地道な実験結果をもとに，実験を持続することによって，従来得られなかった大型の InSe 単結晶を得ることに成功したわけである(図4.4)．試料の結晶の完全性の評価には，高速ヘリウムイオンによる後方散乱法というユニークな手法を使用した(図4.5)．これについては，6.3節で詳しく述べることにしよう．

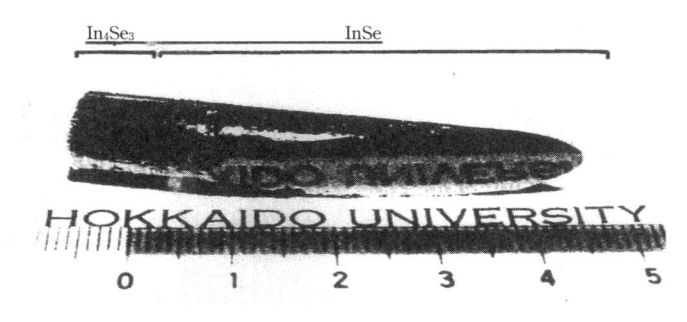

図 4.4　In Se 単結晶の例

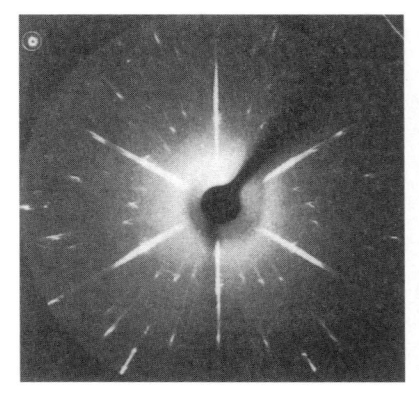

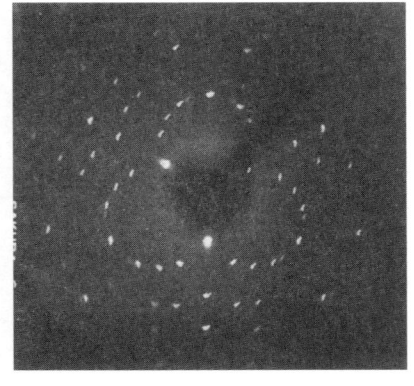

図 4.5　単結晶のラウエ(Laue)写真．左は従来の方法で作製したもの，右は今回作製したもので，明らかな違いが観測される．

4.3 金属酸化物のひげ結晶成長

　結晶成長は，できるだけ平衡状態に近い状態から出発して，たとえば液相から固相を析出させるということを実行しているわけであるが，実際にはこの過程は非可逆的なものであり，熱平衡状態とは異なる．その結果，温度勾配の分布，試料の加熱による化学反応などによって，さまざまな結果が発生する．ときには，全く予期しないような結果が発生することがある．

　ここで再び，1.2 節で述べたテコランダム電気炉による試料作成について解説する．この電気炉は，通常の電熱型の電気炉と比較すると，非常に急激な温度勾配をもっている．なにしろ，ヒーターの端面で発熱体が切断されているような形状をしているからである．この電気炉と同時に，もう1つユニークな金属酸化物の化学反応をとりあげよう．それは，金属酸化物の"還元・酸化法"とでもよべる独特の反応である．たとえば ZnO をとりあげる．この粉末試料に同量の C 粉末を一様に混合する．これを，テコランダム電気炉内で大気中で高温（1000℃以上）で加熱する．そうすると，純粋な金属のビームを得ることができる．

$$ZnO + C \rightarrow Zn + CO \tag{4.1}$$

ここで生成されれた金属ビームは，直ちに大気中の酸素と結合して，

$$Zn + O \rightarrow ZnO \tag{4.2}$$

酸化亜鉛が生成されることになる．

　ところで，ちょっと待った．なぜ，このようなめんどうな手順で金属酸化物を作ろうとするのか．確かにもっともな疑問である．すでに ZnO の粉末を所有しているのであるから，これから直接単結晶を作ればよいではないかということだろう．そこで，ZnO の物性を少し調べてみよう（表 4.1）．

　まずこれからわかることは，酸化亜鉛の融点がきわめて高いということ，その蒸気圧も温度とともにきわめて大きくなるであろうことが，容易に想像される．したがって，今まで酸化亜鉛の大型結晶の育成はきわめて困難で，通常の電気炉で成長に成功した例はない．筆者らは，融点よりも十分に低い温度において，金属亜鉛のひげ結晶を成長させることに成功した．金属酸化物を上に述べた方法によって成長させる手法は，古くから北海道大学工学部合成化学科において開発が進められていたものである．それらの成果を参考にしながら，非

4章　実験室における単結晶の育成

表4.1　酸化亜鉛の物性値

化学式	ZnO
化学式量($g\,mol^{-1}$)	81.39
融点(℃)	1975(加圧下)
密度($g\,cm^{-3}$)	5.5 ～ 5.7
硬度(モース)	4 ～ 5
屈折率	1.9 ～ 2.0(赤外)
熱容量($J\,K^{-1}mol^{-1}$)	40.3
熱伝導率($W\,m^{-1}K^{-1}$)	25.2
結晶構造	六方正ウルツ

常に急激な温度勾配のもとにおける還元・酸化反応によって形成される単結晶育成の詳細の実験を試みた．最初の予想としては，アモルファス状のZnOが形成されるのではないかと考えた．それが実現すれば，それはまた新たな領域の開拓となるであろうという秘かな期待があったわけである．しかし，自然界の応答というものは実に微妙で，最初ははかりしれないところがある．

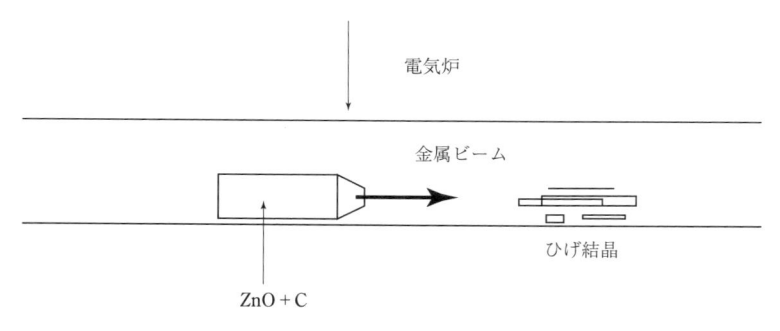

図4.6　金属酸化物の還元・酸化反応の概略図．

図4.6の微小な孔から放出された金属ビームは，次の段階で酸化され，微細なひげ結晶(ウィスカー)とよばれる極端に細くて長い単結晶群を作り出していた．これらの特徴的な形態の電子顕微鏡写真を，図4.7, 4.8に示そう．

筆者らにとって，この実験結果は実に驚くべきことであった．ZnOは圧電性をもつ結晶であるために，外部交流電圧により，結晶全体がある特定の方向に伸びたり収縮したりする．この特性を生かした各種の応用，たとえば微小なカンチレバーとか，その他，微小な振動の感知装置といったものが作成可能であろうと思われた．しかしながら，とにかく顕微鏡の下で，ようやくその形状

図 **4.7** ZnO ひげ結晶の電子顕微鏡写真（Ⅰ）．

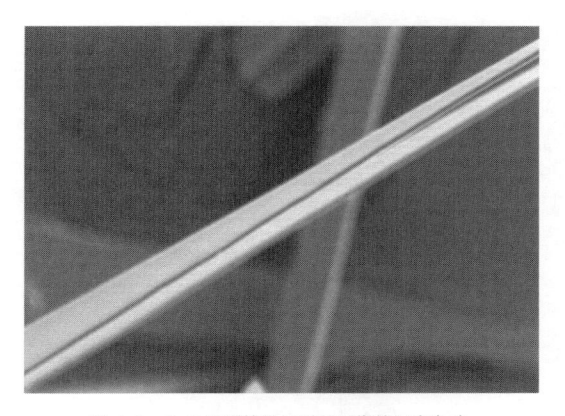

図 **4.8** ZnO ひげ結晶の電子顕微鏡写真（Ⅱ）．

を確認できるというような微細結晶であるので，このような微細結晶の加工，電極づけを可能にする道具だてが必要になる．ちょうどこのころは，微細な結晶はナノ結晶などとよばれ，新材料としてのさまざまな可能性が議論されていた時期である．筆者らは，これらを取り扱うための十分な道具だてを準備できないでいるうちに，米国のいくつかの工業大学において，このひげ結晶の具体的な応用例が学会で発表されてしまった．これは非常に残念なことではあったが，しかし，ひげ結晶の成長法としてのユニークさは，筆者らの方法が独特なものであることも明らかになったので，それなりの成果はあったと考えている．

　金属酸化物というと，いずれも絶縁物と考えられる傾向があるが，これは正

当な評価ではない．もちろん絶縁物が多いことは確かであるが，半導体的な性質をもつものや，金属的な伝導を示すものまで多種多彩である．そこで，In_2O_3 というインジウムの酸化物をとりあげ，これのひげ結晶を作成する実験を試みた．まず，これまで知られている In_2O_3 の物性を調べてみる（表4.2）．

表 4.2 In_2O_3 の物性

化学式	In_2O_3
密度($g\,cm^{-3}$)	7.179
結晶構造	立方，bixbyite（ビクスビ石）構造
融点（℃）	1910

　この結晶は立方晶ではあるが，単位胞に80個の原子を含む構造をしている．エネルギーギャップは3 eV 程度とされているが，n 型の半導体で高い電子密度をもち，低抵抗率の半導体特性を示す．また，Cr を添加したものは磁性半導体となり，注目を集めている．Zn を添加した In_2O_3 は低温において超伝導を示し，転移温度は 3.3 K であるとされている．

　このように，実に多彩な状態をもつ材料であるが，融点が高く，大きな単結晶の育成の可能性はほとんどない．これまでに，この材料は光学的なコーティング，透明電極などに利用されている．さらに，有毒ガスの検知器としての可能性も指摘されている．

　筆者らは，ZnO の場合と全く同じ形式の電気炉により，In_2O_3 のひげ結晶の育成を試みた．図4.9，4.10 に，育成された In_2O_3 のひげ結晶の電子顕微鏡写真を示す．このひげ結晶の中から，比較的粒子径の大きな試料を取り出し，金

図 4.9　In_2O_3 ひげ結晶の電子顕微鏡写真（Ⅰ）．

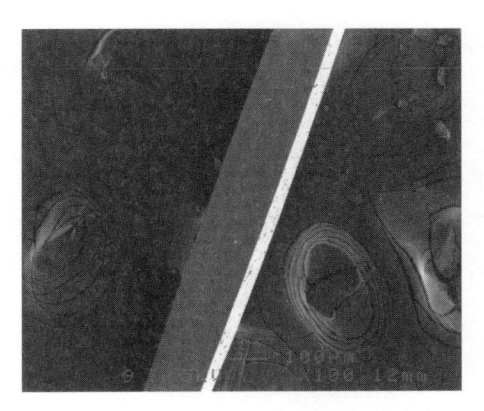

図 **4.10** In_2O_3 ひげ結晶の電子顕微鏡写真(Ⅱ).

ペーストによる電極を貼りつけ，電気伝導度，ホール係数の測定を試みた．その結果，室温では，$10^{-18} \sim 10^{-20}$ cm^{-3} 程度の電子濃度をもつことがわかった．これらの自由電子は，酸素空孔がドナー準位から供給されていると考えられている．Si, Sn などを導入すると電子密度を増加させるという実験結果が報告されているが，今回の実験では，これらの不純物効果の検討は行われなかった．また，粒子径の非常に小さいナノワイヤーの超伝導効果については，非常に興味ある話題ではあったが，実験装置の都合で実現に至っていない．

実用面からみると，最近とくに In のような金属が，世界的に貴重な金属として見直されるということになり，半導体産業で多用されてきた In を，他のより安価な金属あるいは金属酸化物で置き換える必要性が急増してきた．太陽電池などで多用される透明電極は，従来 In_2O_3 が多用されてきたが，ZnO でなんとか同等のものができないか，開発が急がれている．希土類元素（レアアース）も産地が中国に集中しているために，代替品がないかどうか開発が急がれているところである．

そのような実際の開発問題と興味ある研究とは，必ずしも利害関係が一致するとはかぎらないわけで，研究自体は，特別な経済事情とは関係なく進展させなくてはならないものである．その意味では，ここでもう1つ，実際には実験できなかったが，非常に興味ある材料として酸化レニウム（ReO_3）がある．これは濃赤色の結晶であるが，単純立方格子構造をもち，融点は 400℃ と低いが，金属的な電気伝導を示すといわれているものである．78 K で，銀と同じ程度の伝導性を示すといわれている．この材料は低温で超伝導を示すだろうか．ナ

ノ構造の ReO_3 はどのような特異性を示すのだろうか．

　これまで述べてきたように，大規模な実験装置を用意しなくても，小さな実験室でコツコツやりながら，けっこう興味ある現象をとらえることは可能である．必要なことは粘り強いことであり，簡単にはあきらめないことである．必ず世界に向かって発信できるときがやってくるものなのである．

5章 半導体の物性と半導体接合

　我々はさまざまな材料を取り扱うが，それらの電気的な振舞いを議論する場合に，半導体における電気伝導のモデルをよく参照する．このモデルは，原子が規則的に配列されている単結晶を対象とし，結晶格子の周期性に基づく電子エネルギーの帯構造を基本とするモデルである．研究の対象とする材料は，必ずしも単結晶というわけではなく，アモルファス状態とか焼結体といった多結晶粒の集合体などの構造のものが多く，単結晶の場合のような整然とした理論結果を導くことは，困難な場合が多い．しかしながら，基本的な半導体の振舞いを参考として，実際の実験結果を議論することは可能であり，また実際によく行われることである．高温における焼結体の電気伝導度の温度依存性とその活性化エネルギーは，半導体における深い不純物準位からの電子励起と同様なメカニズムと考えられるし，酸化亜鉛における非線形電気伝導は，酸化物−半導体界面における障壁ポテンシャルの存在から類推することができる．

　そこで，ここではよく使われる半導体の特性を，もう一度履修しておこう．多少，めんどうな計算などが入り込んでくるだろうが，材料の作成に関して最も基本的な概念であるので，詳しい説明を試みる．

5.1　半導体とエネルギー帯構造

　1924年に de Broglie(ド・ブローイ)は，すべての粒子には物質波とよばれる波が付随しており，粒子のエネルギー E，運動量 p と波の振動数 ν，波の波長 λ の間には，

$$h\nu = E, \qquad \lambda = h/p \tag{5.1}$$

なる関係があるという仮説を提唱した．ここで，h は Planck(プランク)の定数

で，6.6254×10^{-34} J s である．

いま一次元の電子波を，

$$H(x,t) = A \exp(i(kx - \omega t)) \tag{5.2}$$

とする．(5.2)式を時間と x に関して偏微分すると，

$$\partial H(x,t)/\partial t = -i\omega H(x,t) \tag{5.3a}$$

$$\frac{\partial^2 H(x,t)}{\partial x^2} = -k^2 H(x,t) \tag{5.3b}$$

(5.3)式を，(5.1)式を使って書き直すと，

$$\begin{aligned} i\,hba\,\partial H(x,t)/\partial t &= EH(x,t) \\ i\,hba\,\partial H(x,t)/\partial t &= -(hba^2 k^2/m)\frac{\partial^2 H(x,t)}{\partial x^2} \end{aligned} \tag{5.4}$$

となる．ここで hba は，$h/2\pi$ である．(5.4)式は，質量が m の自由粒子に対する1次元のSchrödinger（シュレーディンガー）波動方程式である．波動関数が物理的に何を意味しているかは，これだけの計算ではよくわからないが，実際には波動関数の絶対値の2乗は，粒子の存在確率を与える．簡単に量子力学的な波動方程式の導入について述べたが，すべての根源は，粒子が波のように振舞うということにある．固体結晶の中でも，電子は波として振舞うために，波動方程式によって記述されるが，固体結晶の場合には，(5.4)式とは違って，電子は原子による周期的なポテンシャルの影響を受けることになる．これにより，電子のエネルギーに帯構造が発生するが，これについて簡単な一次元モデルによって議論しよう．

まずポテンシャルの配列モデルとして，図5.1のような井戸型ポテンシャルの規則的な配列を考える．ポテンシャルの形は，

$$-b \leq x \leq 0 \quad V(x) = V_0 \quad \text{（領域2）} \tag{5.5a}$$

$$0 < x < a \quad V(x) = 0 \quad \text{（領域1）} \tag{5.5b}$$

$$V(x \pm nL) = V(x), \quad L = a + b \tag{5.5c}$$

であるとする．ここで，n は整数であり，一次元の並進ベクトルは nL で，L

5.1 半導体とエネルギー帯構造

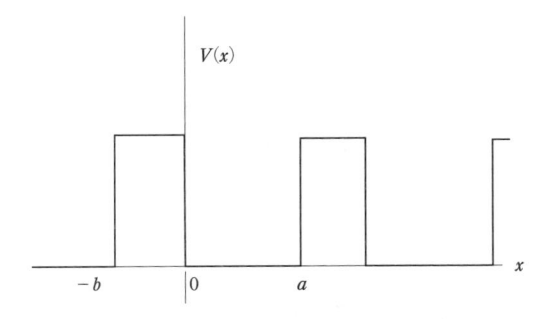

図 5.1 一次元の井戸型ポテンシャル配列.

だけ x 軸方向に右あるいは左に平行移動しても,ポテンシャルは完全に重なる. (5.5b)式における電子の波動関数 $\Phi_1(x)$ に対する Schrödinger 波動方程式は,

$$d^2\Phi_1(x)/dx^2 + k^2\Phi_1(x) = 0 \tag{5.6}$$

(5.5a)式における波動方程式は,

$$d^2\Phi_2(x)/dx^2 - \beta^2\Phi_1(x) = 0 \tag{5.7}$$

となる.ここで,

$$k = \sqrt{2mE}/hba, \qquad \beta = \sqrt{2m(V_0 - E)}/hba \tag{5.8}$$

である.ただし $V_0 - E > 0$ とする.したがって,各領域の波動関数はそれぞれ,

$$\Phi_1(x) = A\sin(kx) + B\cos(kx) \tag{5.9}$$

$$\Phi_2(x) = C\exp(\beta x) + D\exp(-\beta x) \tag{5.10}$$

と表される.

境界条件としては,波動関数およびその微分が $x = 0$ において連続であるということである.

$$\Phi_1(0) = \Phi_2(0) \tag{5.11}$$

$x = 0$ において,

$$d\Phi_1/dx = d\Phi_2/dx \tag{5.12}$$

となる．

さらに，ここで Bloch（ブロッホ）の定理を使う．(5.5c)式のような周期的なポテンシャルの中の電子の波動関数は，その周期性を反映して，

$$\Phi(x + nL) = \Phi(x) \tag{5.13}$$

波動関数の絶対値の 2 乗は電子密度であり，これは，

$$|\Phi(x + L)|^2 = |\Phi(x)|^2 \tag{5.14}$$

したがって，これらの波動関数の間には位相因子の差が存在する．

$$\Phi(x + L) = \exp(i\delta)\Phi(x) \tag{5.15}$$

$$\Phi(x + nL) = \exp(in\delta)\Phi(x) \tag{5.16}$$

$$\exp(in\delta) = 1 \tag{5.17}$$

これより，

$$\Phi(x + L) = \exp(ikL)\Phi(x) \tag{5.18a}$$

$$k = 2\pi/L \tag{5.18b}$$

と表される．これが Bloch の定理である．

これを一般化すると，

$$\Phi_k(x) = \exp(ikx) U_k(x) \tag{5.19a}$$

$$U_k(x) = U_k(x + nL) \tag{5.19b}$$

と書き表すことができる．周期的なポテンシャル中の電子の波動関数は，自由電子の波動関数 $\exp(ikx)$ が，周期ポテンシャルと同じ周期をもつ関数 $U_k(x)$ によって変調された形になっている．これを Bloch 関数という．

この定理を使うと，

$$\Phi_1(a) = \exp(ikL)\Phi_2(-b) \tag{5.20a}$$

$$d\Phi_1/dx(x = a) = \exp(ikL) d\Phi_2/dx(x = -b) \tag{5.20b}$$

となる.以上の関係を境界条件に代入すると,次の4つの連立方程式が得られる.

$$B = C + D \tag{5.21a}$$

$$kA = \beta(C - D) \tag{5.21b}$$

$$A\sin(ka) + B\cos(ka) = \lambda(C\exp(-\beta b) + D\exp(\beta b)) \tag{5.21c}$$

$$K(A\cos(ka) - B\sin(ka)) = \beta\lambda(C\exp(-\beta b) - D\exp(\beta b)) \tag{5.21d}$$

ただし,$\lambda = \exp(ikL)$である.

この連立方程式が解をもつためには,A, B, C, D に関する係数の行列式がゼロでなければならない.この行列式の計算はむずかしいことはないが,少々やっかいで,かつ退屈なものである.ていねいに計算していくと,

$$\cos(kL) = \cosh(\beta b)\cos(ka) - (1/2)\{(k^2 - \beta^2)\sinh(\beta B)\sin(ka)/k\beta\} \tag{5.22}$$

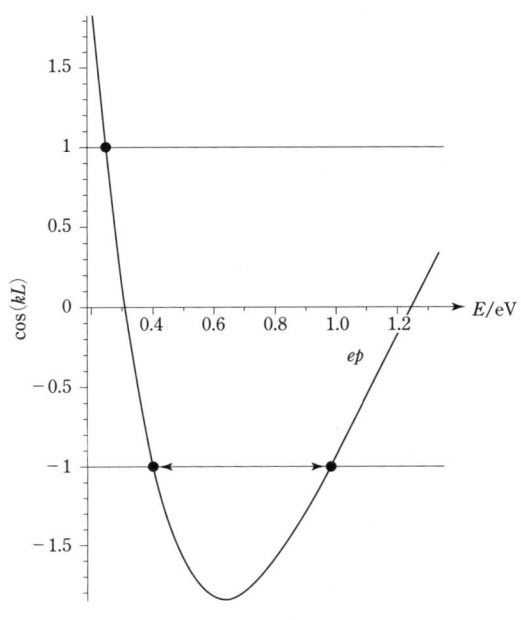

図 **5.2** 電子エネルギーの帯構造.

という結果が得られる．これは，半導体物理の入門書でよく記述されているKronig-Penney（クローニッヒ-ペニー）のモデルとよばれるもので，エネルギーの帯構造を理解するための最も簡単なモデルである．

これに実際に数値を代入して，エネルギーに対する図を描くことができる．これも少々めんどうな作業になるが，さまざまな場合を自分で試してみると，それなりに楽しい図ができあがる．図5.2に例をあげる．

5.2 半導体のキャリヤー密度，キャリヤーの移動度

半導体はエネルギー帯構造をもち，これに低いエネルギーから順に電子が積み込まれていく．電子にはスピンという量子状態があるので，同じ状態にスピンが上向きと下向きの2つの状態がある．電子の状態は，価電子帯と，エネルギーギャップを隔ててその上に多数の占有されていない電子の状態が存在する伝導帯によって表される．不純物を含まない半導体を真性半導体という．この場合，電気を運ぶ粒子は，伝導帯の電子と，価電子帯の正孔（伝導帯に励起された電子の抜け殻で，正の電子のように振舞う）である．

一次元の箱にある自由電子の波動関数 φ は，

$$\varphi(x) = A \exp(ikx) \tag{5.23}$$

k は波動関数の波数で，その値は(5.18b)式で与えられる．

伝導帯における電子密度 n は，そこにおける状態密度 $g_c(E)$ に電子のエネルギー分布関数をかけ算したものを，エネルギー E に関して積分したもので表される．エネルギー E と $E + dE$ の間に存在する電子のとりうる座席と，その座席を占めている確率をかけ算すると，この dE 間に存在する電子密度になる．

$$n = \int_{E_c}^{\infty} f(E) g_c \, dE \tag{5.24}$$

電子のエネルギー分布は，Fermi-Dirac（フェルミ・ディラック）分布(f_{FD})に従う．しかし，$(E - E_f) \gg k_B T$ ならば，Maxwell-Boltzmann（マックスウェル・ボルツマン）分布(f_{MB})で近似できる．ここで，E_f はFermiエネルギーである．

$$f_{FD} = 1/[\{\exp((E-E_f)/k_BT)\} + 1] \rightarrow f_{MB} = 1/\{\exp((E-E_f)/k_BT)\} \tag{5.25}$$

伝導帯の電子の波数ベクトルを $\boldsymbol{k}$ とすると，$\boldsymbol{k} - \boldsymbol{k} + d\boldsymbol{k}$ の電子状態の数は，

$$n d\boldsymbol{k} = (L/2\pi)^3 d\boldsymbol{k} \tag{5.26}$$

5.2 半導体のキャリヤー密度, キャリヤーの移動度

である((5.18b)式参照).

$$n(E)\,dE = (L/2\pi)^3\,4\pi k^2\,dk \tag{5.27}$$

$$E(k) - E_c = hb^2\,k^2/2\,m_e{}^* \tag{5.28}$$

これより, 単位体積あたりの状態密度は,

$$g_c = \left(\frac{4\pi}{h^3}\right)(2m^*)^{3/2}(E - E_c)^{1/2} \tag{5.29}$$

となる. k_B は Boltzmann 定数である. ここで, m^* は電子の有効質量とよばれる. 周期的なポテンシャルの中の電子の質量は, 静止質量よりも一般に軽くなる. 電子の場合には $m_e{}^*$, 正孔の場合には $m_h{}^*$ と書く.

図 5.3(a)は簡単なエネルギー帯の構造を示し, (b)は(5.29)式の伝導体と価電子帯について図を示している. (c)は電子, 正孔の分布関数, (d)はキャリヤー数密度のエネルギー依存性を示すものである.

(5.23)式の途中の計算は省略するが, 結果だけを書き表すと,

$$n = N_c \exp(-(E_c - E_f)/k_B T) \tag{5.30a}$$

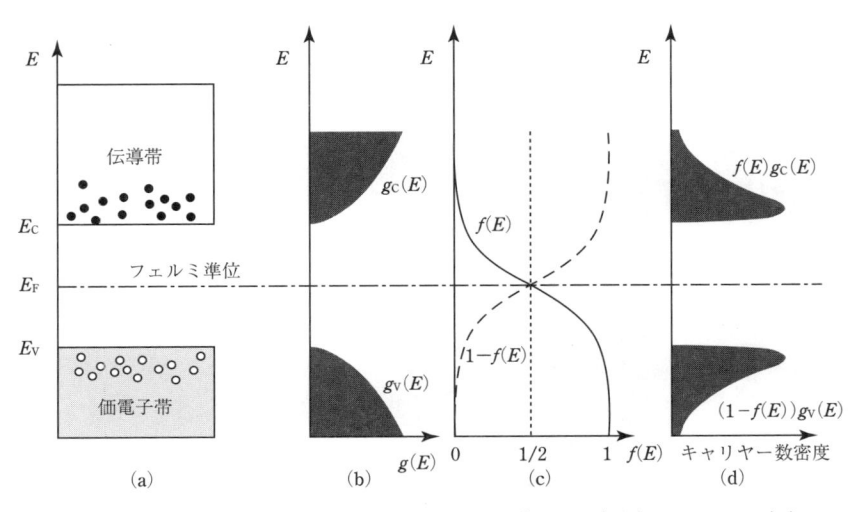

図 **5.3** 真性半導体のエネルギー帯と状態密度, Fermi(フェルミ)分布, キャリヤー密度.

$$N_c = 2\left(\frac{2\pi m_e^* k_B T}{h^2}\right)^{3/2} \tag{5.30b}$$

これは，$E = E_c$ に N_c の状態が密集している場合における計算と同等であり，N_c のことを実効状態密度という．

正孔についても同様の計算により，

$$p = N_v \exp((E_f - E_v)/k_B T) \tag{5.31a}$$

$$N_v = 2\left(\frac{2\pi m_h^* k_B T}{h^2}\right)^{3/2} \tag{5.31b}$$

となる．真性半導体では，$n = p = n_i$ である．

$$n_i = \sqrt{N_c N_v} \exp(-E_g/2k_B T) \tag{5.32}$$

真性半導体は理想的な高純度半導体の特質を表しているが，特別の用途以外にはあまり利用されない．半導体の大きな特徴は，人工的に自由に，電子あるいは正孔(両者を総称してキャリヤーという)の粒子密度を変化させることができる点にある．これらは，不純物半導体とよばれる．あまりよい名称ではないが(一見汚れた半導体という印象を与える)，これが今日の半導体エレクトロニクスの基礎になっているものである．

Si 単結晶を例にとる．これはⅣ族(現 14 族)の単体元素の単結晶である．これに P(リン)原子を導入する．P は V 族(現 15 族)の元素であり，これが拡散によって Si 原子の位置に入り込むと，結合電子が 1 個余ってしまう．わずかな熱エネルギーにより，この余分の電子は，結晶の中を自由に運動するようになる．P は，伝導帯よりわずかに離れたエネルギーの準位を，エネルギーギャップに生成する．これが P の不純物準位である．

n 型半導体における不純物のエネルギー準位を示したのが，図 5.4(a) である．これは，図 5.3 と同じエネルギー依存性を示すものであるが，とくにドナー不純物を含む点だけが異なっている．

リンの原子は，シリコンの伝導体の底よりもわずかなエネルギーギャップのなかに，エネルギー準位を作る．これをドナー準位といい，E_d で表す．この状態にある電子は，$\exp(-E_d/kT)$ の確率で伝導体に放出される(ここで，k は Boltzmann 定数，T は絶対温度である)．E_d の大きさは，室温のエネルギーの程度であるので，実際に室温付近では，ほとんどの電子は伝導体に放出され，

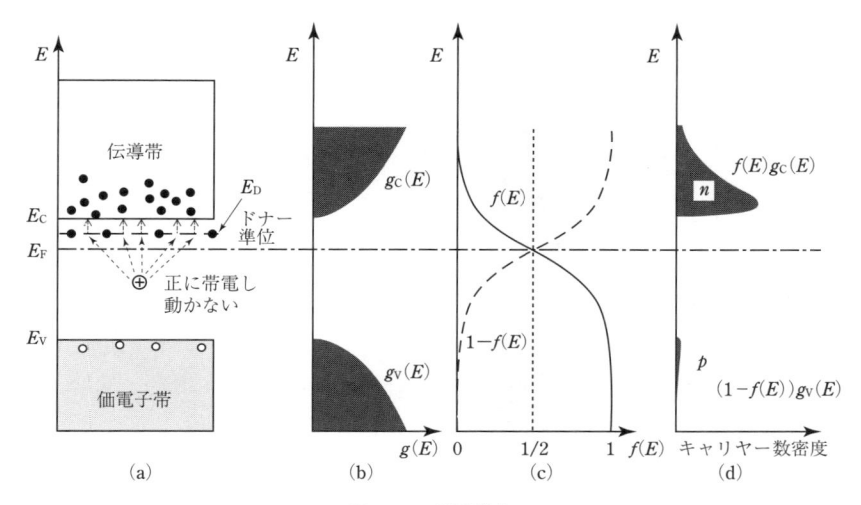

図 5.4　n 型半導体.

不純物は＋に帯電した状態となる．伝導体における電子密度は，伝導体における電子の状態密度 $g(E)$ とこれに電子のエネルギー分布関数 $f(E)$ をかけ算して求められる．$g(E)$ は図 5.4(b)，$f(E)$ は(c)に示す．かけ算の結果は(d)であり，これが電子密度となる．

図 5.4(d) において，価電子帯に正孔がわずかに存在しているが，これは，

$$n \times p = n_i^2 \tag{5.33}$$

という熱平衡状態における電子と正孔密度の関係を満たすために存在している．この式で n_i は真性半導体のキャリヤー密度を表す．n 型半導体においては $n \gg p$ であるので，$p = 0$ と仮定してもあまり大きな誤差は発生しない．

p 型半導体においては，n 型半導体と全く類似の考え方が適用される．たとえばホウ素原子を導入すると，これは価電子帯よりわずかに上のエネルギーギャップのなかにアクセプター準位を作る．この不純物による準位は，価電子帯より電子を受けとり，価電子帯に電子の抜け殻(正孔)を作るので，アクセプター準位とよばれるのである．これを，図 5.5(a) に示す．正孔の密度は，$g(E)(1 - f(E))$ で決定される．この様子が，図 5.5 の(b)，(c)，(d) に示してある．これは，図 5.3 にアクセプター不純物を導入した場合を図解している．

不純物半導体におけるキャリヤーの温度変化は，半導体の特質を最もよく表す物理量である．たとえば，n 型半導体の電子密度の温度変化は図 5.6 のよう

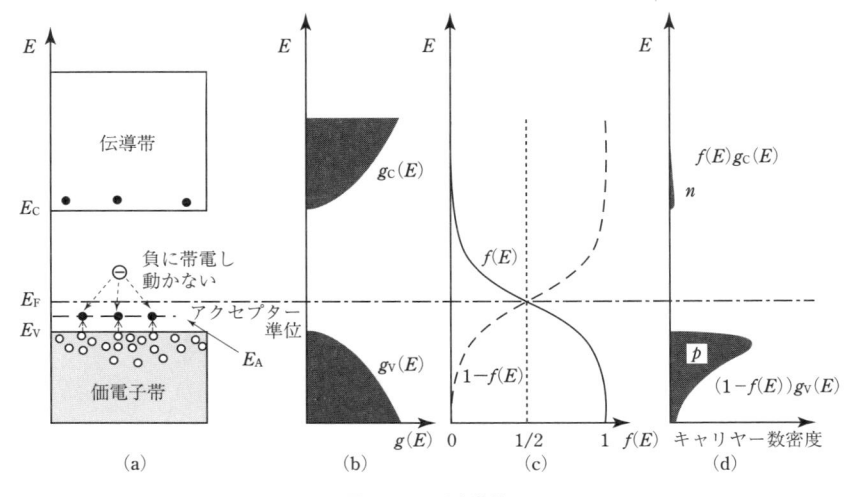

図 5.5 p型半導体.

になる.低温では,電子は不純物準位に落ち込む確率が大きくなるので,伝導電子の数は不純物準位の活性化エネルギーに依存して,温度の低下とともに少なくなる.一方温度が高くなると,すべての不純物準位の電子は伝導帯にはきだされるために,これ以上は自由に動ける電子の数はふえない.これが電子密

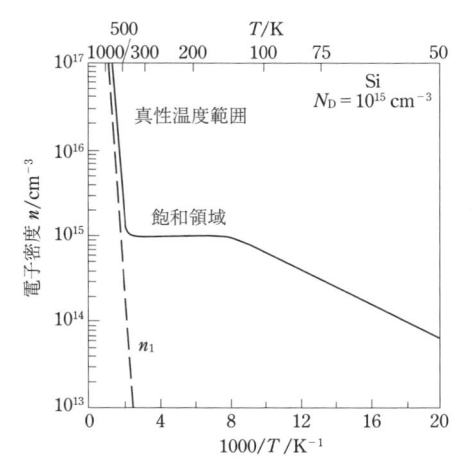

図 5.6 n型半導体の電子密度の温度変化.

5.2 半導体のキャリヤー密度、キャリヤーの移動度

度の飽和領域である．さらに温度を上げると，価電子帯（充満帯ともよばれる）からエネルギーギャップを超えて電子が励起される確率が大きくなり，これはまさに真性半導体と同じ状態となる（真性温度領域）．

真性半導体にB（ホウ素）を導入すると，今度は結合の手が1本足りなくなる．わずかの熱エネルギーによって，隣のSi原子から結合の手がBにもたらされるが，これで隣のSiは，結合の手が1本不足することになる．これは，結合の不足がBから移動することを意味する．電子が不足な手を次々に補って運動するわけであるが，このことは電子の孔が運動しているのと同等である．これがp型半導体で，正孔が価電子帯を自由に動き回っている．

半導体に外部から電場を加えると，キャリヤーはこの電場の方向に運動することになる．しかしこれは，真空中の電子が電場によって加速されることとは著しく異なっている．実際，半導体中のキャリヤーは，有限温度でランダムな熱運動を行っている．熱エネルギーは各自由度に$(1/2)k_B T$ずつ配分される．300 Kでは，電子の熱速度は10^7 cm s^{-1}といった大きさになる．この速度で原子や不純物，格子欠陥などと衝突を繰り返して運動しているために，平均すると移動距離はゼロである．電場により，運動は「移動度 × 電場強度」である．この状態を次のように表すことができる．x方向の時間$t=0$から$t=t$までの速度v_xは，

$$v_x = v_{x_0} - qEt/m^* \tag{5.34}$$

時間tの後のdt時間に電子が衝突をする確率pは，τを衝突の緩和時間とすると，

$$\begin{aligned}p &= \exp(-t/\tau)dt/\tau \\ <v_x> &= <v_{x_0}> - (qE/\tau m^*)\int_0^\infty t\exp\left(-\frac{t}{\tau}\right)dt\end{aligned} \tag{5.35}$$

ここでqは電子の電荷である．第1項は熱エネルギーによるランダム運動の平均であるからゼロ，第2項の積分の部分はτ^2である．したがって，

$$<v_x> = -qE\tau/m^* = -\mu_e E \tag{5.36}$$

μ_eの大きさは，Siで2000 cm^2 v^{-1} s^{-1}の程度で，電子の移動度とよばれる．正孔の移動度は電子に比べて十分に小さく（正孔は電子に比べて重い），1/10程度の大きさになる．実際の移動度は不純物密度，温度などの関数であり，したがって，移動度も(5.36)式より複雑な形で与えられる．格子振動による電子の

73

緩和時間は，絶対温度 T の $-3/2$ 乗に比例することが知られており，一方，不純物による散乱の緩和時間は，T の $3/2$ 乗に比例することが知られている．

5.3　少数キャリヤー，p–n 接合

5.3.1　少数キャリヤーの注入

　金属のように多数の電子が存在する系では，これに外部から電子を余分に導入することはできない．かりに電子を余分に注入したとすると，一瞬にしてこれら余分の電子は系から排除されてしまう．これは，電磁気学の Maxwell の方程式と連続の式から明らかにできる．誘電緩和時間の間に，余分の電子は排除されていしまう．ところが半導体の場合には，n 型半導体に正孔を，また p 型半導体に電子を外部から注入することができる．n 型半導体中の正孔，p 型半導体中の電子は，少数キャリヤーとよばれる．これに対して本来存在するキャリヤーは，多数キャリヤーとよばれる．注入された少数キャリヤーは，多数キャリヤーにより瞬時に電気的に中性な条件を満足されるが，それはそのまま存在し，拡散と多数キャリヤーとの再結合によりしだいに消滅していく．これはかなりの有限時間を要するので，その間にこれらの少数キャリヤーは電気伝導に寄与することになる．

　いま図 5.7 のような n 型半導体の細い棒を考えよう．両端には電極がつけられており，これにより外部から電場を加えることができる．A 点に外部から幅の狭いレーザー光を照射するとする．レーザー光の波長は，半導体のエネルギーギャップを超えて電子を励起できる値をもつとする．これにより，多数の正孔を A 点に生成することができる．B 点は逆バイアスされた金属の針で，その点を通過する少数キャリヤーを検出するものである．半導体中の正孔の一般的

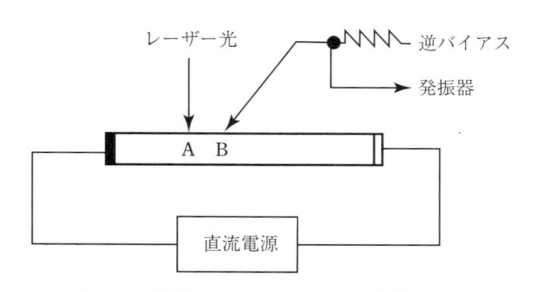

図 **5.7**　小数キャリヤーのドリフト実験の概要．

な連続の方程式は，

$$\frac{\partial p}{\partial t} = -\frac{p-p_0}{\tau_p} - \left(\frac{1}{q}\right)\mathrm{div}\, J_p \tag{5.37a}$$

電子に対しても同様に，

$$\frac{\partial n}{\partial t} = -\frac{n-n_0}{\tau_n} + \left(\frac{1}{q}\right)\mathrm{div}\, J_n \tag{5.37b}.$$

ここで，τ_p, τ_n は正孔，電子のそれぞれの再結合における寿命である．(5.37a)，(5.37b)式にキャリヤーの生成率 G を加え，x方向の変化のみの条件下で書き表すと，

$$\frac{\partial p}{\partial t} = G - \frac{p-p_0}{\tau_p} - \frac{p\mu_h \partial E}{\partial x} - \frac{E\mu_h \partial p}{\partial x} + D_h \partial^2 p/\partial x^2 \tag{5.38a}$$

$$\frac{\partial n}{\partial t} = G - \frac{n-n_0}{\tau_n} + \frac{n\mu_e \partial E}{\partial x} + \frac{E\mu_e \partial n}{\partial x} + D_e \partial^2 n/\partial x^2 \tag{5.38b}.$$

これらは，最も一般的な少数キャリヤーの連続の方程式である．この一般的な解析解を求めるのは困難であるが，いま x 軸方向の電場が一定であるとすると，

$$\frac{\partial p}{\partial t} = G - \frac{p-p_0}{\tau_p} - \frac{E\mu_h \partial p}{\partial x} + D_h \partial^2 p/\partial x^2 \tag{5.39}$$

となり，これは，よく知られている熱伝導の方程式を拡張したものである．したがって，厳密解を求めることが可能である．

G は正孔の発生率であるが，これを，

$$G = N\delta(t)\delta(x - x_0) \tag{5.40}$$

とおく．キャリヤーの発生は，$t = 0$, $x = x_0$ でデルタ関数的に与えられるとする．いま少数キャリヤー密度の平衡状態から，ずれ $p - p_0 = \triangle p$ をあらためて p と表すことにする．

$$\frac{\partial p}{\partial t} = -\frac{p}{\tau_p} - \frac{E\mu_h \partial p}{\partial x} + D_h \partial^2 p/\partial x^2 \tag{5.41}$$

5章 半導体の物性と半導体接合

まず,

$$p(x,t) = \exp\left(-\frac{t}{\tau_\mathrm{p}}\right) \times W(x,t) \tag{5.42}$$

という変数変換をすると,

$$\frac{\partial W}{\partial t} = -\frac{E\mu_\mathrm{h} \partial W}{\partial x} + D_\mathrm{h} \partial^2 W/\partial x^2 \tag{5.43}$$

となる.ここで,さらなる変数変換

$$x = \xi - E\mu_\mathrm{h} t \tag{5.44}$$

を実行する.そうすると,

$$\frac{\partial W(\xi,t)}{\partial t} = D_\mathrm{h} \partial^2 W(\xi,t)/\partial \xi^2 \tag{5.45}$$

(5.45)式は,一次元の熱伝導方程式そのものである.この方程式の解析解はよく知られているもので,途中の計算は省略するが,偏微分方程式の入門書には必ず詳細な解説が行われているので,気になる読者は,偏微分方程式の入門書を参考にされたい.

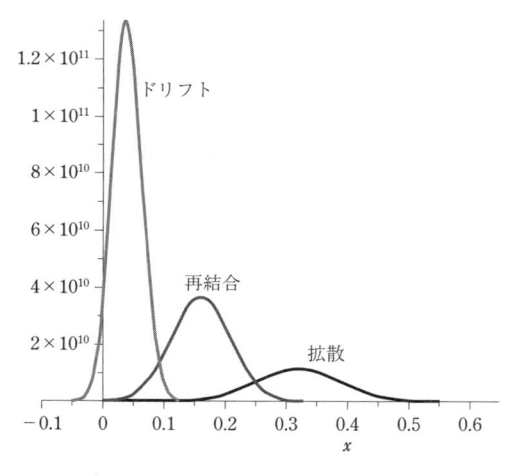

図 **5.8** 少数キャリヤーの拡散とドリフトの例.

(5.45)式の解に，(5.42)式の変換を考慮すれば，p の完全な形が得られることになる．

$$p(x,t) = N\sqrt{(1/\pi D_h t)} \exp\{(1/4)((x-x_0+\mu_h Et)^2/tD_h)-t/\tau_p\} \quad (5.46)$$

複雑にみえるが，実際の振舞いは簡単で，$x = x_0$ で時間 $t = 0$ にパルス的に励起された正孔が，時間とともに拡散(広がっていく)しながら，電場の方向に移動(ドリフト)していくというものである．少数キャリヤーのドリフト実験結果を，(5.46)式によって解析することにより，少数キャリヤーの拡散係数，再結合時間といった重要な物理量を実測することが，可能になるわけである(図5.8)．

5.3.2 半導体の p–n 接合

p 型半導体と n 型半導体を構造的につなぎ合わせると，p–n 接合が発生する．構造的につなぐとは，たとえば n 型半導体の表面に p 型の不純物合金を溶解する，あるいは p 型不純物を表面から拡散によって内部に多量の p 型不純物を導入する，といった手法により得られる．最近では，イオン注入法といって，不純物のイオンを加速装置で高速に加速し，半導体の表面からある一定の深さに打ち込むという方法がとられている．

できあがった p–n 接合のエネルギー図は，図 5.9 のようになる．まずたいせつなことは，p–n 接合全体にわたって，フェルミ準位は一定値でなければならない．これは，系が熱平衡状態にあることを意味している．図に示すように，p–n 接合には静電ポテンシャルが存在する．これは，p 側に存在する空間電荷と n 領域における空間電荷によって生成されたものである．静電ポテンシャ

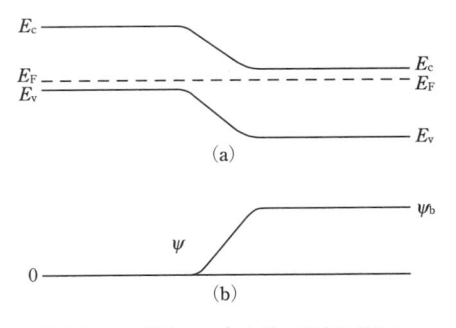

図 5.9 p–n 接合のエネルギーダイヤグラム．

ルが存在するならば，それによる電場によりキャリヤーが流れ込んで大電流が流れるのではないかと思われるかもしれない．ところがそれは逆であり，熱平衡において正味の電流がゼロになるように，ポテンシャルが形成されていることが，次の解析からわかるだろう．また，p-n 接合を通して流れる電流の大きさは，この静電ポテンシャルの大きさを，外部からの電場の方向と大きさによって，小さくしたり大きくしたりすることで制御される．静電ポテンシャルは平衡状態で存在しているので，電場が加えられても，キャリヤーに対しては常に障壁を形成している．p 領域に正，n 領域に負の電圧が加えられると，この障壁が低くなり電流が流れやすくなる．これを順方向という．これと逆の電圧を加えると障壁は高くなり，電流はほとんど流れなくなる．これが逆方向である．したがって，p-n 接合はそれ自体で整流器として動作する．この性質を，少し詳しくみていこう．

p-n 接合の静電ポテンシャル $\Psi(x)$ は，

$$\frac{\varepsilon d^2 \Psi}{dx^2} = -q(p(x) - n(x) + N_A^+(x) - N_D^-) \tag{5.47}$$

を解くことによって得られる．ここで，ε は誘電率，$N_A^+(x)$ はイオン化したアクセプターの密度，N_D^- はイオン化したドナーの密度である．これは，一次元の Poisson（ポアソン）方程式とよばれる．この方程式の厳密な解析解を求めることは困難であり，数値解析に頼ることになる．しかし，簡単なモデル化を行うと，近似的な解が求められる．これをステップ接合近似という（図 5.10）．

$$\frac{d^2\Psi}{dx^2} = \xi \tag{5.48}$$

$$\xi = 0, \qquad -\infty < x < -d_a$$

$$\xi = qN_A^+/\varepsilon \qquad -d_a \leq x < 0$$

$$\xi = -qN_D^-/\varepsilon \qquad 0 \leq x < d_b$$

$$\xi = 0 \qquad d_b \leq x < \infty$$

5.3 少数キャリヤー，p–n 接合

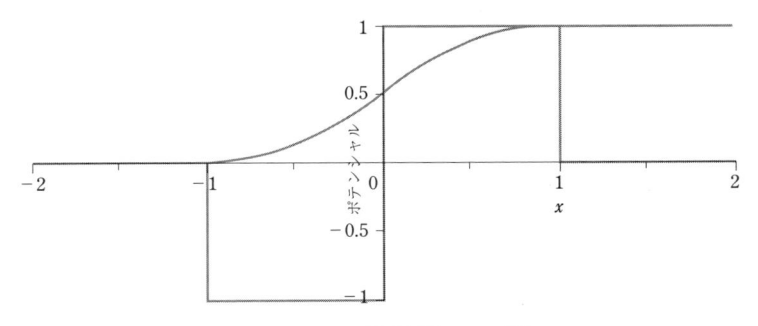

図 **5.10** ステップ接合近似の p–n 接合.

$$\Psi_p(x) = \left(\frac{qN_A}{2}\right)(x+d_a)^2 \qquad x \leq 0 \tag{5.49a}$$

$$\Psi_n(x) = \Psi_b - \left(\frac{qN_D}{2}\right)(x-d_b)^2 \qquad x \geq 0 \tag{5.49b}$$

$x = 0$ における，静電ポテンシャルとその微分が連続であるという境界条件から，

$$N_A d_a = N_D d_b \tag{5.50a}$$

接合の幅 W は，

$$W = d_a + d_b = \{(2\varepsilon\Psi_b/q)(N_A + N_D)/N_A N_D\}^{1/2} \tag{5.50b}$$

となる．

p–n 接合に外部より電圧が加えられた場合の電流密度を，計算してみよう（図 5.11）．

$$p(d_b) = p_0 \exp(-q(V_b - V)/k_B T) \tag{5.51}$$

である．ここで $qV_b = \Psi_b$ である．一方，

$$n_p/n_n = p_n/p_p = \exp(-qV_b/k_B T) \tag{5.52}$$

であるので，

$$p(d_b) = p_n \exp(qV/k_B T) \tag{5.53}$$

79

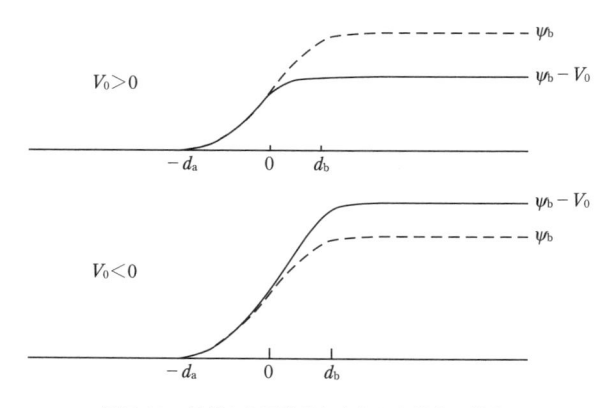

図 5.11 外部から電場が加えられた場合の接合.

である.電圧は,もっぱら抵抗の大きい W の領域のみに加えられていると近似できるので,W 以外の領域では,注入された少数キャリヤーは,拡散によって電流を運ぶことになる.正孔の拡散方程式は,定常状態で,

$$\partial^2 p/\partial x^2 - (p - p_0)/(D_\mathrm{h}\tau_\mathrm{p}) = 0 \tag{5.54}$$

境界条件は,(5.53)式および

$$p = p_\mathrm{n} \quad x \to \infty \tag{5.55}$$

したがって,

$$p = p_\mathrm{n} \exp(qV/k_\mathrm{B}T - 1)\exp(-(x - d_\mathrm{b})/L_\mathrm{p}) + p_\mathrm{n} \tag{5.55a}$$

$$L_\mathrm{p} = D_\mathrm{h}\tau_\mathrm{p} \tag{5.55b}$$

で,L_p は正孔の拡散距離である.

p 領域の電子についても,同様な議論ができる.W(遷移領域とよばれる)におけるキャリヤーの再結合が無視できるとすると,電流は,d_b における正孔の電流と $-d_\mathrm{a}$ における電子の和で表されることになる.

$$J = J_\mathrm{s}\{\exp(qV/k_\mathrm{B}T) - 1\} \tag{5.56a}$$

$$J_\mathrm{s} = q\{D_\mathrm{h}p_\mathrm{n}/L_\mathrm{h} + D_\mathrm{e}n_\mathrm{p}/L_\mathrm{e}\} \tag{5.56b}$$

となる.

実際に，p–n接合の電流–電圧特性を測定すると，図5.12のようになる．$-V_b$の方向は非常に小さな電流となり，しかもこの電流は，非常に高い電圧まではほぼ一定の電流となるので，これを飽和電流（逆方向電流ともいわれる）という．これは，(5.56a), (5.56b)式から直接に結論される結果である．さらに大きな電圧で電流が急激に増大するが，これは接合のポテンシャル障壁が破壊されるために発生する．この高い電圧は，接合の破壊電圧とよばれる．一方，$-V_b$と逆の方向の電圧では，わずかの電圧により急激に電流が増大する．この電流は順方向電流という．

p–n接合は，単位面積あたり次の電気容量をもつことになる．

$$C = \varepsilon/W \tag{5.57}$$

(5.50b)式により，この値は不純物密度に依存していることがわかる．この電気容量は，高周波に対する応答に大きな影響をもつことは明らかである．

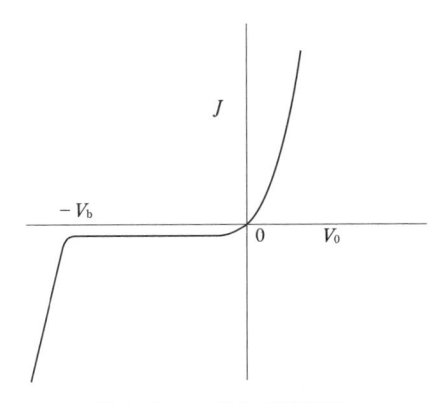

図 5.12 p–n接合の整流特性.

n型半導体の表面に酸化皮膜が付着した場合には，この酸化膜と半導体表面の電子トラップ準位に電子が捕獲されるために，表面の近傍に空間電荷層ができあがり，p–n接合と類似の障壁が形成される．酸化亜鉛の焼結体は，粒界に障壁が形成され非線形伝導の要因となっていることが指摘された(3.2.1項)が，このように，非線形電気伝導の類推に，半導体における障壁のモデルを参照にした解析や推測が，いろいろな局面でよく利用される．とくによく参照される現象として障壁に対するトンネル効果があるので，これも議論しておこう．

5.3.3 障壁に対するトンネル効果

　CdとSからなる化合物半導体は，Ⅱ，Ⅳ族(現12，16族)の半導体としてよく知られているものであり，黄色味を帯びた単結晶は，写真の露出計や光検出器，超音波デバイスといった多面な領域で応用されている．この半導体に電圧を加えるためには電極が必要であるが，この表面に，たとえばIn金属の膜を真空蒸着して利用する．これまでの記述から類推すると，CdSの表面には格子欠陥や不純物による障壁が存在するはずであり，そのためオーム性の電極はできにくいと考えられる．ところが実際に作ってみると，オーム性の電流-電圧特性を観測することができる．これはいったいどうしたことか．確かに表面障壁が存在するが，それは非常に薄く，キャリヤーは金属からトンネル効果で試料に流れ込んでいることが明らかになった．これは1つの例であるが，半導体ダイオードのZener(セェナー)効果のように，明らかにトンネル効果による現象が存在する．トンネル効果そのものを利用するトンネルダイオード(エサキダイオード)は，これによって江崎玲於奈がノーベル物理学賞を受賞したものである．

　図5.13のような一次元の井戸型ポテンシャルを仮定して，電子のトンネル効果を調べてみよう．一次元ポテンシャルは，

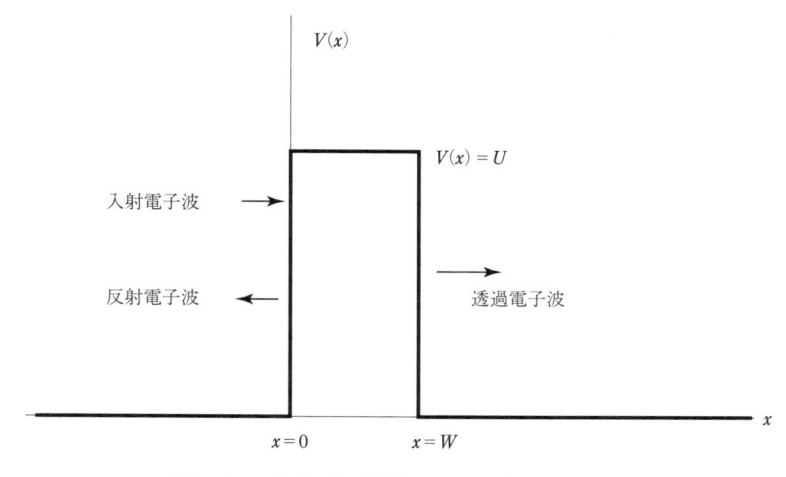

図5.13　一次元の井戸型ポテンシャルとトンネル効果．

5.3 少数キャリヤー，p–n 接合

$$V(x) = 0, \quad x < 0$$
$$= U, \quad 0 \le x \le W \quad (5.58)$$
$$= 0, \quad x > 0$$

で与えられる．一次元の電子に対する波動方程式は，

$$\frac{d^2\psi(x)}{dx^2} + \kappa^2(E - V(x))\psi(x) = 0 \quad (5.59\mathrm{a})$$

$$\kappa^2 = 2m^*/hb \quad (5.59\mathrm{b})$$

で与えられる．この波動方程式をⅠ，Ⅱ，Ⅲの領域について解く．

$$\begin{aligned}\phi_\mathrm{I} &= \exp(i\alpha x) + r\exp(-i\alpha x) & x < 0 \\ \phi_\mathrm{II} &= A\exp(\lambda x) + B\exp(\lambda x) & 0 \le x < W \\ \phi_\mathrm{III} &= t\exp(i\alpha x) & x > W\end{aligned} \quad (5.60)$$

ここで，

$$\alpha^2 = 2m^*E/hb^2 \quad (5.61)$$

$$\lambda^2 = 2m^*(U-E)/hb^2 \quad (5.62)$$

である．$x = 0$，$x = W$ における境界条件より，次の 4 本の連立方程式が得られる．

$$\begin{aligned}&1 + r = A + B \\ &i\alpha - ri\alpha = (A - B)\lambda \\ &A\exp(\lambda W) + B\exp(-\lambda W) = t\exp(i\alpha W) \\ &A\lambda\exp(\lambda W) - B\lambda\exp(-\lambda W) = t\,I\alpha\exp(i\alpha W)\end{aligned} \quad (5.63)$$

A，B，r，t に関するこの連立方程式が成り立つためには，その係数の行列式がゼロでなければならない．これから t は，

$$t = 2i\,\alpha\lambda\exp(-i\alpha W)/p \quad (5.64)$$

$$p = (\alpha^2 - \lambda^2)\sinh(\lambda W) + 2i\lambda\alpha\cosh(\lambda W) \quad (5.65)$$

となり，障壁の投下係数 $D(= tt^*)$ は，

5章　半導体の物性と半導体接合

$$D = 4\alpha^2\lambda^2 / \{(\lambda^2 + \alpha^2)^2 \sinh^2(\lambda w) + 4\lambda^2\alpha^2\} \tag{5.66}$$

電子は波であるので，障壁の高さよりも低いエネルギーの電子でも障壁を透過していく．

(5.66)式の D を，電子のエネルギー E について計算すると，図 5.14 のようになる．

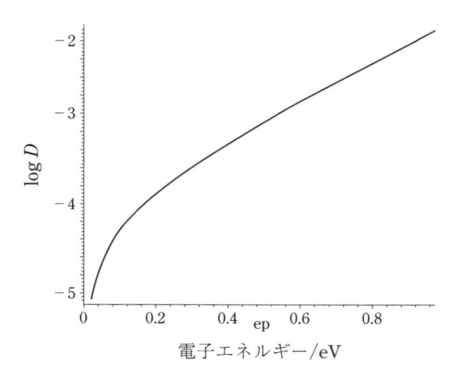

図 5.14 電子エネルギーと D の関係．

有限幅だけ離れている 2 つのポテンシャル障壁を，上と同様の取り扱いによる計算を実行すると，興味ある結果が得られる．詳しい計算は省略するが，特定のエネルギーをもつ電子は，共鳴的にこの二重障壁を透過する．これを共鳴トンネル効果という．トンネル効果が発生するメカニズムについては，図 5.15 の簡略化されたモデルで理解することができるが，これでは実際のトンネルデ

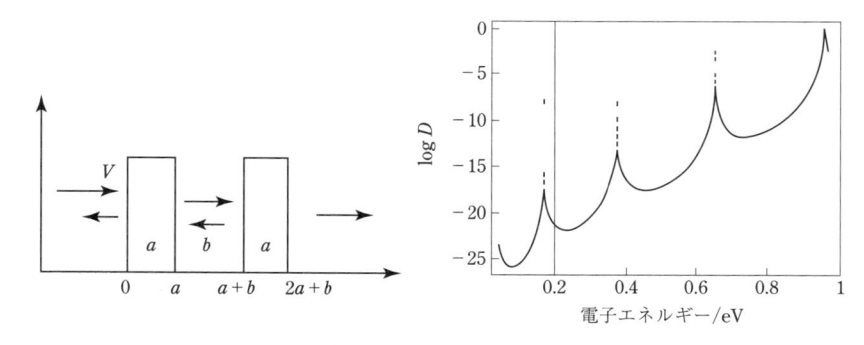

図 5.15 共鳴トンネル効果．

バイスを考察することはできない．トンネル電流が流れるためには外部から電場を加える必要があり，そのため障壁の幅も変化することになる．これを考慮に入れたモデルにより，トンネルダイオードの特性が解析されている．この解析は，実際にはかなり複雑で専門的なものになるので，ここでは取り扱わない．

これまでに述べた半導体の性質をよく理解しておくことは，材料の性質について議論するときに，有用な手助けとなるだろう．さらにもう1つ，我々は，必ずしも規則的な原子の配列を前提とした単結晶とは異なり，格子の配列がランダムになっている材料を取り扱う場合が非常に多くなるだろう．これを，一般的には乱れた系というよび方をする．このような乱れた系についても，古くからアモルファス半導体を中心に，さまざまな材料にも拡張して研究され，議論されてきた．これについても，多少触れておくことにしよう．

5.4　ホッピング伝導

我々は，セラミックス焼結体のような材料を取り扱う機会が多いだろう．このような無秩序材料(disordered material，規則的な原子配列から大きくひずんだ状態の材料)では，通常の半導体とは非常に異なる電気伝導現象を示す．これは，N. F. Mott(1969)により最初に指摘された可変領域ホッピング(variable range hopping)というモデルが基礎となっている．筆者らは，最初にTiO_2マイクロ波焼結体を作製したときに，これの交流電気伝導度を，100 Hzから200 kHzにわたり測定を試みたところ，

$$\sigma(\omega) \propto \omega^{0.8} \tag{5.67}$$

の関係が成り立つことが明らかとなった．直流電気伝導度は非常に小さな値をとるが，交流電気伝導度はこれとは異なり，周波数の増加とともに電気伝導度が増加する．周波数をさらに増加すると，この増加の割合は低下していく．これらの全体の特性は，どのようなメカニズムによるのかは，単純には答えが得られそうにない．しかし，電子が局所的な状態間をとびとびに移行していく電気伝導は，これから開発される各種の絶縁材料においてよく観測される伝導メカニズムであり，その基礎的な考え方を学んでおくことは，材料の評価を行う際に役にたつと思われる．

5.4.1　直流のホッピング

1950年代に，補償されたゲルマニウムやシリコン単結晶における，不純物

を介したホッピング伝導の実験や理論研究が開始されている．A. Miller と E. Abrahams(*Phys. Rev.*, **120**, 745(1960))は，ホッピングの確率 P_{hop} は，トンネルによる項と格子振動の項の積に比例する仮定して，理論を展開した．

$$P_{\text{hop}} \propto \exp\left(-2\alpha R - \frac{W}{kT}\right) \tag{5.68}$$

ここで，遷移の起きる平均の距離 R は，初期状態と最終状態のエネルギー差 W に独立である．また，α^{-1} は水素ような局在波動関数の減衰長さを表わす．もし，W, R が再近接のホッピングサイトとするならば，直流ホッピング伝導は，

$$\sigma_0 = A \exp\left(-\frac{W}{kT}\right) \tag{5.69}$$

で与えられ，これに関連するフェルミ準位における状態密度は，

$$N(W_F) = (12R^3 W)^{-1} (\text{m}^{-3}(\text{eV})^{-1}) \tag{5.70}$$

で近似的に与えられる．

可変領域ホッピングの考え方は，Mott によって導入された．この場合の直流電気伝導度は，温度の $-1/4$ 乗に比例する．これを Mott(モット)の $T^{-1/4}$ 則という．この依存性は，比較的簡単な考察から導くことができる．

$$R_n = 2\alpha R + W/kT \tag{5.71}$$

とおく．R_n は，三次元空間座標と1つのエネルギー座標をもつ四次元のパラメーターである．いま，ホッピング状態間の再近接距離の平均値 R_{nn} により，伝導が決定されるとする．

$$\sigma_0 \propto \exp(-R_{nn}) \tag{5.72}$$

R 内における状態の数 $N(R)$ は，

$$N(R) = K R^4 \tag{5.73}$$

$$K = N\pi kT/(3 \times 2^3 \alpha^4) \tag{5.74}$$

R の領域内で，状態が再近接である確率は，

$$P_{nn}(R) = (\partial N(R)/\partial R) \exp(-N(R)) \tag{5.75}$$

$$R_{nn} = \int_0^\infty 4KR^4 \exp(-kR^4)dR \tag{5.76}$$

ガンマ関数の計算を実行すると,

$$R_{nn} \propto K^{-1/4} \tag{5.77}$$

となり，Mott の $T^{-1/4}$ 則が導かれる．しかしこれだけでは，Mott 則の傾斜が何を意味するのかはよくわからない．

ランダムな空間密度 ρ_1 とエネルギー密度 ρ_2 のランダムな分布を考慮して，T. Hill (*Phys. Stat. Sol.*(*a*), **1976**, 601) は，

$$W_{ij} = 3(4\pi\rho_1\rho_2 R_{ij}^3)^{-1} \tag{5.78}$$

の関係があることを明らかにし，これをもとに Mott の $T^{-1/4}$ 則を導いた．

$$\sigma_0 \propto \exp\{-c[\alpha^3/\rho_1\rho_2 kT]^{1/4}\} \tag{5.79}$$

直流ホッピングは，2つの特徴的な温度依存性を示すであろうことが，これから予想できる．低温領域では Mott 則の領域が存在し，より高い温度では再近接のホッピングが主体となる．

問題は，Mott 則の導出には，Boltzmann 統計が明確に成り立っていなければならないことである．これは，ホッピングのエネルギーが $W > 2kT$ を満足しなければならない．ところが，これまでに報告されている多くの論文では，この条件が満たされていない．多くの場合は温度が高すぎて，可変領域ホッピングが適用できる範囲を超えている．

重要なことは，実験値が見かけ上，ある温度領域で Mott 則を満たしているとしても，それがいったい，再近接ホッピングのよるのか，あるいは可変領域ホッピングによるものか，または非局所的な領域への遷移によるのかは，注意深い実験条件の検証が必要である．これは，交流のホッピングの場合についても同様な注意が必要であることを意味している．最近では，ホッピングにおける多体効果のようなむずかしい問題が議論されるようになってきており，実験者にとっては，またわかりにくい問題が立ちはだかっているように思われる．これまでの，多くの直流ホッピングの実験結果と理論との定量的な一致という点は，きわめて不十分という状態であり，実験の側でもより詳細な実験条件の検討が必要になっている．

実際問題として，低温度領域における直流電気伝導度の測定は，非常にむずかしい技術的な問題を抱えている．なにしろ電気抵抗が大きいため，信頼性の

高い測定はきわめて困難である．現在では，$10^{16}\,\Omega$ 程度の高抵抗を測定できるエレクトロメーターが発売されているので，信頼性ある測定にはこのような装置が必要になる．

もう1つやっかいな問題は，試料に直流電流を流すために，スイッチをオンしたとしよう．これはステップパルスを加えることになるので，最初の過渡段階で多くの交流成分を加えたことになる．これが過渡的な交流ホッピングを生み出すので，定常状態の直流状態を作り出すには時間が非常にかかることになる．インピーダンスが大きいために，長時間の測定では雑音を取り込むことが多いというのも，やっかいな話である．このような点に注意をすると，Mott 則の実験的な検証は，思ったよりはずっとむずかしい問題である．

5.4.2　交流のホッピング

M. Pollak と T. H. Geballe (*Phys. Rev.*, **122**, 1742 (1961)) によって補償された，シリコン単結晶における交流電気伝導度は，

$$\sigma(\omega) = \epsilon''(\omega) = (定数) \times \omega^n \tag{5.80}$$

の依存性があり，n はおおよそ 0.8 の値をとることが示された．それ以来，この依存性はホッピング伝導を示すものとされてきた．これまでの，莫大な交流ホッピングとして今日まで報告された論文においては，n の値は，取り扱う材料の違いによって，0.6 から 1.0 まで散らばっている．

このホッピング領域における交流電気伝導の理論は，その後あまり発展していないようである．Pollak と Geballe は，交流電気伝導に寄与するようなホッピング周波数のある分布関数の存在を仮定しているが，このような分布が実際に存在するのかどうかという点については，実験的にも理論的にも検証がされていない．

乱れた系における誘電緩和には格子からの寄与が存在するために，電子のホッピング運動だけからすべての緩和を説明することは無理である．Pollak によるホッピングという問題も提示されており，交流電気伝導には多体効果が重要であるという指摘もなされていて，問題はますますむずかしい方向に向かっている．実験の側としては，やはり詳細な誘電緩和の実測が重要であり，単に実験データが ω のべき乗に乗るから，可変領域ホッピングであると決めつけるのはどうかという問題が，依然として残っている．理論のほうも，実験データと直ちに対応ができるような形にはなっていない点は，今後の発展を待たねばならないであろう．

6章　大型加速器の改造に挑戦——高速イオンのチャネリング効果

　筆者らは，ある時期に原子工学科の量子計測工学講座を構成していたことがある．ちょっと簡単には理解に苦しむような講座の名前であるが，現代物理学では，量子というのは学問の基本に存在するもので，電子，原子，プロトン，α粒子，光子，中性子などすべて量子(quantum)である．それらを定量的に測定するにはどうしたらよいかという課題から，この名前が生まれたものであろう．

　ところで研究室には，以前，放射線医学総合研究所(放医研)というところで廃棄処分された大型バンデグラーフ加速器が，施設の1つとして設置されていた．なにしろ廃棄処分になったくらいのしろものなので，このままでは使いものになるわけもなく，しかたがなく眠っていた．筆者らは講座を開設したときに，直ちにこの加速装置に目をつけていた．そうして，特別な予算がない状態で，ついには無謀にもこの大型装置の改造にのりだした．それは，電子の加速装置をイオンの加速装置に改造しようとするもので，それなりの理由が当然ながらあったわけである．高速イオンによって物質の内部構造を調べたいという，強い欲求があったのである．そして，この目的のために，なりふりかまわず猪突猛進するわけである．実のところ，いろいろな問題を起こすわけであるが，とにかく，何としてもこれをやりたいという情熱を，大学の予算当局に日参して訴え続けた．筆者らのこの情熱に，大学当局もついに押し倒され，全面強力の約束を取りつけたが，半年間にわたる実に長い交渉であり，研究というものは，このようにしてゼロから発展していくものだということの見本のような展開が実現したのである．この記録と研究結果を，以下に述べよう．

6章 大型加速器の改造に挑戦

6.1 バンデグラーフ加速器

　昔，理科の実験室などで，手回しの静電発電機というのを見たことのある読者もいることだろう．しかし，多くの人は静電発電機とのかかわりはあまりないだろう．現在，半導体産業において中型の静電加速装置は不可欠のものとなっている．これは，半導体の表面に不純物イオンを高速に加速して打ち込み，その後，熱による欠陥のアニール(回復)を行って，半導体集積回路を製造するものである．

　一方，非常に高い電圧で加速されたイオンは，各種の核反応の実験に利用されている．バンデグラーフ(Van de Graaff)静電加速器は，図 6.1 のように構成されている．絶縁性の高いベルトに電荷を載せて，上部のキャップに電荷を蓄積して電位差を作り出す．加速管は，1個あたり 50 ～ 100 kV の耐圧を有するセラミックスに金属リングを接着したもので，これを 10 ～ 20 個直列に並べて，イオンを加速する．加速管上部には，イオン源，イオン引き出し電極が一体となった装置が取りつけられており，また，ガスの濃度，種類を選択するためのリークバルブの類が搭載される．また，これらの電子機器を動作させるための

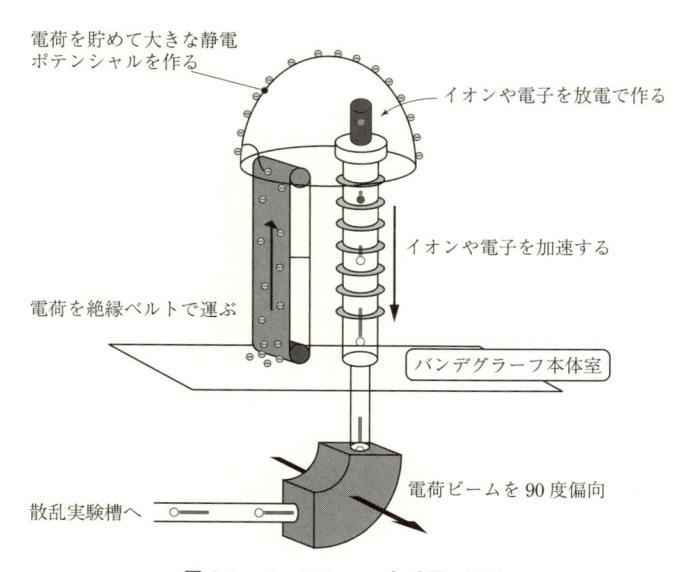

図 6.1　バンデグラーフ加速器の概要．

6.1 バンデグラーフ加速器

電源も搭載されている．当然ながら，これらの機器が電位差によって破壊されないように取りつけられる．

筆者らは，米国 ORTECH 社の RF イオンソースと特別仕様のガスリーク装置を採用した．幸いなことに，筆者らのグループには，高電圧工学と真空工学に特別の才能を有する優秀な技官が在籍しており，放医研における解体作業を逐一記録し，すべての可能なデータを現地で集積していたので，大学での改造は，この技官の作業指示計画書によって実行された．これは，実に驚くべきことであり，優秀な技官が研究の実行には不可欠であることを如実に示したよい例である．

ここで使用されているガスリークバルブは，針金の張力により精密なボール状のすり合わせを微妙に開くというもので，機械的な可動装置であるが，その信頼性は非常に高いものだった．これはその技官の指示により導入したものであるが，この例のように，どこにどのようなものを使用すべきであるかといったことは，やはり彼の指示がなければできないことであった．RF イオンソースの駆動装置は，彼が大型真空管を使用して自作した．半導体を使用すれば，おそらく簡単に破壊されて加速不可能になっていたであろう．

加速されたイオン（主として He イオン）は，分析電磁石によって 90 度偏向され，散乱実験槽に導入される．加速電圧は，二重の方法で制御されるように工夫された．まず，加速管に直列に高抵抗が付属されていて，これに放電用ブラシが付属して，定格より過大な電圧が印可された場合には，放電により防止する．分析電磁石の入り口と出口に金属チタンによるスリットが設置されており，ちょうどこのスリットの中心をビームが通過しないと，電極にビームが当たるために，イオンのエネルギーの高低を弁別できるようになっている．これをフィードバックすることにより，加速電圧を適正なものに制御するわけである．これらの装置の設置と調整は，かの技官の計画書により，民間の電気技術者を雇用して実施された．全体の装置は，大型の拡散ポンプで真空排気され，さらに窒素ガスとアルゴンガスの混合ガスを，放電防止のために注入する．散乱実験槽は，大型のイオンポンプで真空排気される．

さて，実際に組立てを終了して試運転を始めると，思わぬ問題に直面することになる．

1) 加速管が途中で放電を起こしてしまう．
2) 電荷を運ぶベルトが運転しているうちに伸びてしまい，電荷を運べなくなってしまう．

これは，最初あまり予想していなかったので，問題解決にかなり苦しむこと

になる.

1)は,結局,加速管をもう一度解体して,絶縁破壊を起こしている部分を洗浄し,ひどい汚れを機械的に削除するという地味な作業を,こつこつ行うより他に方法はなかった.これは,ほんとうにしんどい作業であったが,全員気力で作業に従事した.

2)は,伸びないベルトを特殊な業者に製作してもらうより他に方法はないことがわかったが,その特殊な業者と作成に要する時間と費用が問題になった.

こういう問題が起きたときに,研究の責任者はどのように対応すべきなのか,これは大問題であった.もうこれでだめかと思うことが何度もあった.筆者は,日本には数少ないバンデグラーフ加速装置をもつ研究所を訪ね歩き,予備のベルトを所有しているかどうか,それを我々に分けてもらえるかどうか,お願いする日々を過ごした.ようやく筆者らの念願が叶い,新品のベルトを確保することができた.しかし,これには長い時間を要し,もちろん研究は停止したままであったが,そのころ卒業論文を書きはじめていた学生が,イオン源と$50\,\mathrm{kV}$の引き出し電極を使用して,シリコン単結晶にイオン照射する実験を気力で実行した.これは,筆者らに予想外の貴重な実験結果をもたらし,この成功によって,改造は一挙に前進することになった.

6.2 イオンチャネリング

筆者らは,図 6.2 の実験から,単結晶というものは荷電粒子の径からみると,

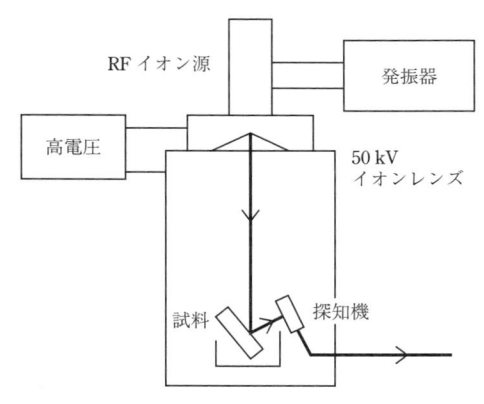

図 6.2 簡単なイオン照射実験(芳賀哲也氏による).

意外にすかすかものであり，結晶のある方向ではイオンはかなりの距離を通り抜けてしまうものであるということを，予想させるものであった．これは，実際には正しい認識ではなかったが，実験を担当する者に，何が何でも高速イオン加速装置を完成させようという意欲を，強く誘起するものであった．実験を成功させるためには，将来の強い希望と要求が絶対必要であり，一方すぐれた技術者の的確な選択は，実験を企画する者の絶対的必要条件であることを，これらの実験の歴史はみごとに語っている．これからプロジェクトを推進しようとする人は，この点をぜひ留意してほしいものである．

6.2.1　イオンのチャネリング効果

　話を本題に戻そう．まずシリコン単結晶の模型を手に持って，くるくる回転しながら目を細くして，原子と原子の間の隙間をのぞいてみる．図 6.3 からわかるように，確かに低指数軸に目線が接近すると，いきなり広い空間の存在を見ることができる．そうすると，幾何学的に高速イオン粒子が原子に衝突するまでの距離は，低指数軸の方向が長くなることを，容易に理解できるであろう．ところが実際には，この単純な幾何学的な距離に比較して，その何十倍もの距離をイオンは結晶内部に侵入することが，実験により明らかにされている．これをイオンのチャネリング効果という．

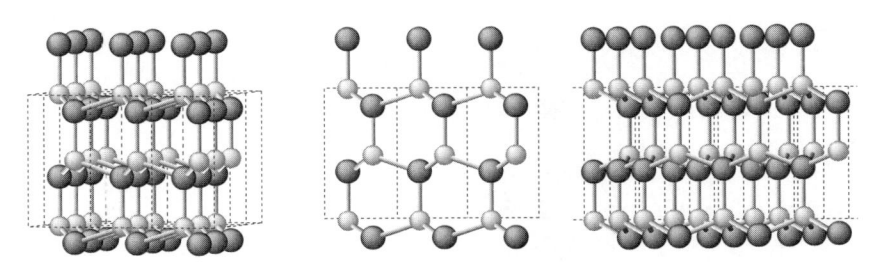

図 **6.3**　酸化亜鉛の模型を回転してみる．

　このイオンチャネリング効果は，1912 年に J. Stark によって発見されたものであるが，その後，結晶における X 線回折効果の発見によって，しばらく脚光を浴びることもなく埋もれていた現象である．1960 年代になって，にわかに注目を浴びることになる．荷電粒子が，図 6.4 のように，原子が規則的に配列されている軸とほぼ平衡に進行している場合を想定しよう．荷電粒子が結晶軸とほぼ平行に進行する場合，格子原子と近接衝突する前に，小角散乱を受け

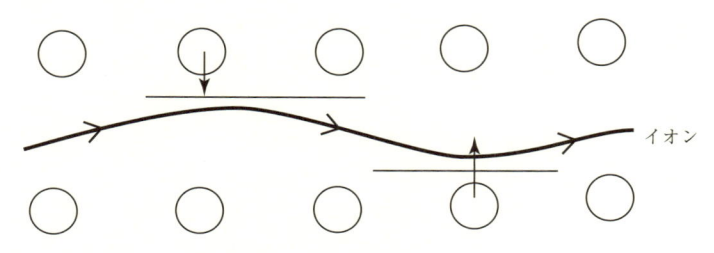

図 6.4 イオンチャネリング効果.

る．これによる力は，粒子を結晶軸の中心方向へ押し戻す方向に働く．結局，荷電粒子は，両方の格子原子と小角散乱を繰り返しながら，結晶軸に囲まれた空間を通過することになる．これは理想的な荷電粒子の通過を記述するもので，実際には格子振動，格子欠陥などによる近接衝突によって軸外に散乱されてしまうので，これで荷電粒子の走行は停止してしまう．これは，直感的には，冬の豪快なスポーツであるボブスレーの走行を考えると理解しやすい．ボブスレーは，氷の壁(これが原子のポテンシャルに相当する)をわずかに上りながらコースの中心に向かって下っていく．左右にうまく振り子のようにゆれながらも，高速で下っていくわけである．制御を失敗すると，氷の壁の外に放りだされて，それで失格となるわけであるが，これがちょうど，荷電粒子が結晶の軸チャネルから外へ飛ばされることに相当する．結晶軸にほぼ平行に入射する荷電粒子について述べたが(これは軸チャネリングとよばれる)，結晶面についても同様の効果が考えられ，これを面チャネリングという．

6.2.2 原子列と原子面

高速荷電粒子は結晶内でも高速で運動するために，次々と別の原子からの影響を受ける．したがって，ここの原子と二体衝突をするのではなく，むしろ連続した荷電の列から影響を受けているという，連続近似が成り立っていると考えられる．これは J. Lindhard(1965) によって提唱されたモデルで，現在でも，このモデルによって解析が行われている．原子列とチャネリング粒子との間の衝突ポテンシャルは，

$$V_s(\rho) = \frac{\int_{-\infty}^{\infty} U\left(\sqrt{\rho^2 + z^2}\right) dz}{d} \tag{6.1}$$

で与えられる．ρ は原子列と粒子の距離，z は原子列上の座標である．この U

にどのようなポテンシャルを当てはめればよいかということになるが，これはけっこうめんどうな話になってくる．原子を半古典的に取り扱うモデルとして，Thomas-Fermi(トーマス–フェルミ)モデルという近似法がある．これは，ze の電荷をもつ原子核の周りの空間を z 個の電子が充満しているというモデルで，いわば原子核に束縛された自由電子ガスモデルといわれている．これに基礎をおいたさまざまなポテンシャルが提案され，Moliere(モリエール)近似ポテンシャルというものが近似として最も精度が高いといわれていたが，なにしろポテンシャルの表現式が複雑で，実際的ではない．そこで，もっと簡単なポテンシャルが Lindhard によって提案され，これが実際にはよく使われている．

$$V_s(\rho) = \frac{z_1 z_2 e^2 \ln\left(\frac{C^2 a^2}{\rho^2}+1\right)}{d} \tag{6.2}$$

$$r = \sqrt{a^2 + z^2}$$

ここで，a はトーマス–フェルミ半径を表す．

$r > a$ で，(6.2)式は比較的よい近似を与えるといわれている．C は定数で，ほぼ $\sqrt{3}$ の程度である．

実際の結晶では，軸チャネルはいくつかの原子列によって囲まれるように構成されている．これを多重原子列ポテンシャルというが，模式的には図 6.5 のようになる．このとき，r におけるポテンシャルは，

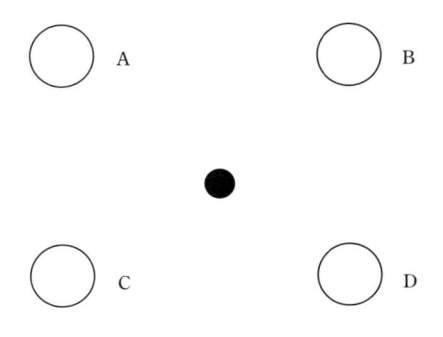

A, B, C, D：原子列

図 **6.5** 多重原子列．

$$V_{\mathrm{MS}}(\rho) = \sum_{i}\left(V_{\mathrm{s}}\left(|r - R_i|\right) - V_0\right) \tag{6.3}$$

で表されることになる．(6.3)式において，$V_{\mathrm{MS}}(0) = 0$ になるように V_0 を決める．

次に，チャネリング軸を粒子が運動する条件を決めなければならない．粒子の竣工方向と z 軸の角度を ϕ とすると，粒子の横向きのエネルギー $E_\perp$ は，

$$E_\perp = V_{\mathrm{s}}(\rho) + E\sin^2(\phi) \fallingdotseq V_{\mathrm{s}}(\rho) + E\phi \tag{6.4}$$

ポテンシャルが最小な点での粒子軌道と原子軸の角度を ϕ_0 とする．連続近似の成立条件は，粒子の速度が大きく，短時間に走行する距離が原子間距離も十分に大きいことである．これは，

$$\rho_{\min} > \phi_0\, d \tag{6.5}$$

と表される．実際の粒子のチャネリング軸内の運動を記述するためには，粒子の阻止能の計算が必要であるが，式が複雑で解析解は求めることができない．大規模な数値シミュレーションにより，粒子は周期的な振動をしながら軸の内部を運動することが明確にされている．荷電粒子がチャネリングを開始すると，後方散乱される粒子の確率は，大幅に減少する．したがって，荷電粒子の後方散乱は，粒子のイオンチャネリングの実験的な検証ということができる．

6.3 ラザフォード後方散乱

まず最初に，筆者らが作成した InSe 単結晶に対する He イオンの後方散乱のデータを，図 6.6 に示す．実験結果の特徴的なことは，ランダムな方向（チャネリングを起こさない原子が密に存在している方向）の後方散乱では，チャネル数が 220 の近傍でステップをもつ散乱を行っていること，また，c 軸方向に鋭いチャネリング効果を示し，それに対応するディップカーブ (dip curve) が得られていることである．これまでにイオンの後方散乱についての議論をしていないので，ここで実験結果を評価するために，後方散乱について議論することにしよう．

固体表面に荷電粒子が入射すると，粒子の多くは固体内に侵入するが，一部は入射した表面（この場合，表面とは厳密な第一層ということではなく，表面近傍の数千層の原子層の領域をさす）から，入射方向とは反対の方向に散乱さ

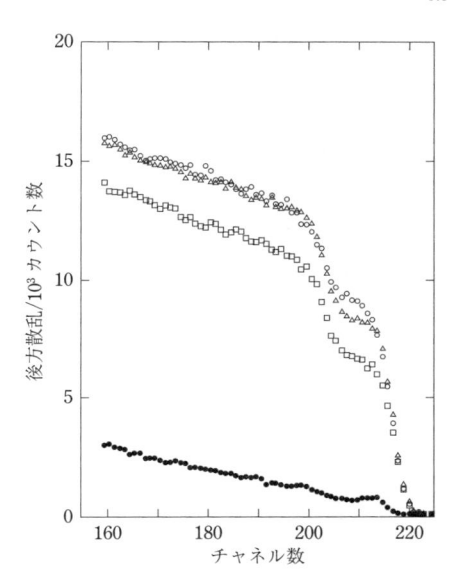

図 6.6 InSe 単結晶に対する He イオンの後方散乱. ○：試料 A_1, △：試料 C_1, □：試料 E_1, ●：試料 C_1 をチャネル軸に整合したときのデータ. A_1：Se 37％で結晶成長した試料, C_1：Se 44％で結晶成長した試料, E_1：Se 50％で結晶成長した試料.

れる．固体中に入射した荷電粒子は，非弾性衝突によってエネルギーを失いながら，一方で弾性衝突により大きくその進路を変更する．1回の弾性衝突で大きく進路を変える場合と，多数回の弾性衝突によって表面から出るものとがあるが，弾性衝突の断面積が小さい高エネルギーの粒子では，1回の衝突の場合のほうが支配的となる．

一回衝突の表面散乱は，比較的簡単に理解できる．固体表面からエネルギー E_0 で入射した粒子が，固体中の原子と 1 回衝突して，再び表面から放出されるエネルギー E_B を求める．図 6.7 に示すように，A 点で入射角 ϕ_1 で入射し，B 点で散乱され，B' 点から出てくるとすると，B 点での衝突前のエネルギーは，

$$E = E_0 - Sz/\cos\theta_1 \tag{6.6}$$

である．ここで，S は入射粒子の阻止能である．B 点で散乱されると，エネルギーは因子 k だけ減少する．k の値は，古典的な弾性衝突の計算から得られる．

6章 大型加速器の改造に挑戦

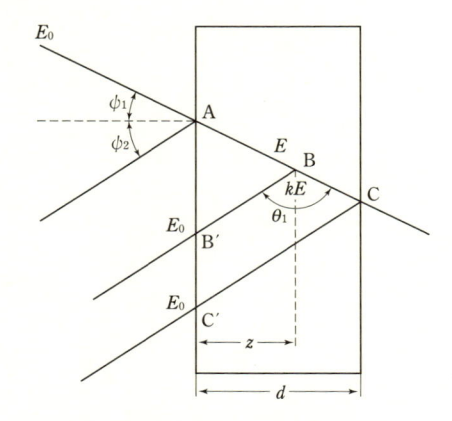

図 6.7 薄膜からの後方散乱の概要.

静止している粒子 B(質量 m_2)に,速度 u_1 で運動している粒子 A(質量 m_1)が衝突する(図 6.8).衝突前後のエネルギー,および運動量の保存則より,

$$(1/2)m_1 u_1^2 = (1/2)m_1 u_1'^2 + (1/2)m_2 u_2'^2 \tag{6.7a}$$

$$m_1 u_1 = m_1 u_1' \cos\theta + m_2 u_2' \cos\phi \tag{6.7b}$$

$$0 = m_1 u_1' \sin\theta_1 + m_2 u_2' \sin\phi \tag{6.7c}$$

が得られる.これらの式より,

$$u_2' = u_1(2m_1/(m_1 + m_2))\cos\phi \tag{6.8a}$$

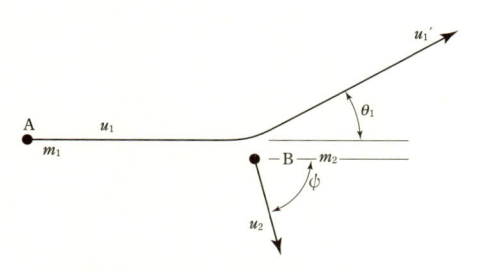

図 6.8 実験室系における弾性衝突.

6.3 ラザフォード後方散乱

$$u_1' = u_1 \{1 - (4\,m_1\,m_2)\cos\phi/(m_1 + m_2)^2\} \tag{6.8b}$$

が得られる．また ϕ と θ_1 の関係は，

$$\tan\theta_1 = m_2 \sin^2\phi/(m_1 - m_2\cos^2\phi) \tag{6.8c}$$

粒子の散乱方向の情報が得られる．

(6.7a)，(6.7b)，(6.7c)式から，ϕ と u_2' を消去すると，散乱粒子と散乱角の関係が得られる．

$$(m_1 + m_2)^2 E'^2 + 2(m_1^2 - m_2^2 - 2m_1^2\cos\theta_1)E E' + (m_1 - m_2)^2 E^2 = 0 \tag{6.9}$$

ここで，E' は散乱粒子のエネルギーを表す．これを E' について解くと，

$$k = E'/E = [m_1 \cos\theta_1 + (m_2^2 - m_1^2 \sin^2\theta_1)^{1/2}/(m_1 + m_2)]^2 \tag{6.10a}$$

いま，問題にしている後方散乱の場合では，

$$k = [m_1 \cos(\phi_1 + \phi_2) + (m_2^2 - m_1^2 \sin^2(\phi_1 + \phi_2)^{1/2})/(m_1 + m_2))^2 \tag{6.10b}$$

となる．したがって，一回衝突によって後方散乱され，試料の表面から放出される粒子のエネルギー E_B は，

$$E_B = k(E_0 - Sz/\cos\phi_1) - S'z/\cos\phi_2 \tag{6.11}$$

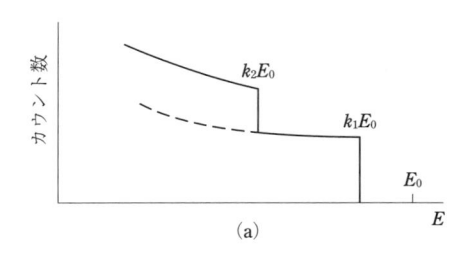

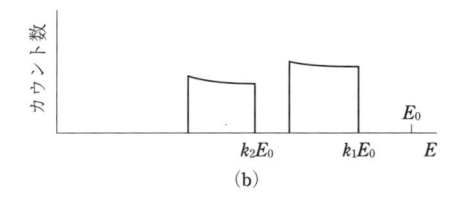

図 6.9　後方散乱スペクトル．(a)厚い場合，(b)薄い場合．

6章 大型加速器の改造に挑戦

となる．S' は，B から B' までの粒子の平均阻止能である．

衝突する固体が化合物である場合には，k の値が構成元素ごとに異なるために，また標的の試料が厚い場合には，図 6.9(a) に示すように，ステップ状のスペクトルが得られる．一方，試料が極端に薄ければ，分離したスペクトル（図 6.9(b)）が得られることになる．

ここで，InSe の後方散乱の実験データに戻ると，220 チャネル近傍のステップは，まさにこの k によるものであることが明らかである．ディップカーブの χ_{min} と $\phi_{1/2}$ は，格子振動や格子間に存在する不純物，格子欠陥によって影響を受けるために，簡単な理論式による推定は困難である．しかし各種のシミュレーションと多くの実験データにより，これらの量は，入射イオンのエネルギー E_{in} の 1/2 乗に比例することが明らかにされている．筆者らの実験データはこの関係を満たしており，非化学等量的な成分より生成した単結晶がミクロなモザイク構造をもたない結晶であることが，イオンチャネリング効果により明らかにすることができた（図 6.10）．

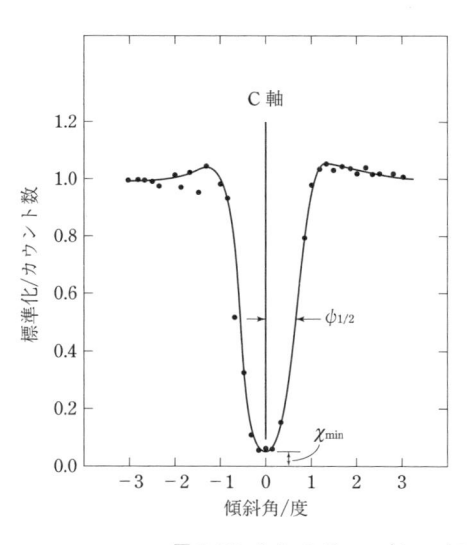

InSe のエネルギー依存性		
入射 He$^+$ エネルギー（MeV）	χ_{min}	$\phi_{1/2}$（度）
0.6	0.071 ± 0.013	0.96 ± 0.02
1.0	0.053 ± 0.009	0.74 ± 0.02
1.4	0.042 ± 0.008	0.63 ± 0.02

図 6.10 InSe のディップカーブの χ_{min} とそのエネルギー依存性．

筆者らはさらに，この高速イオンの後方散乱が，低次元金属の構造相転移について有用な情報を与えることを実験的に明らかにした．1T-TaS$_2$ という化合物は二次元的な構造をもつ金属であるが，ある有限温度で一次の構造相転移

を示す．ある温度で格子が軟化するために，チャネル軸は大きく揺らぎ，一挙に後方散乱の収量が増大する．その詳細な物理現象については，少し専門的な解説が必要になるのでここでは省略するが，さまざまな結晶格子のダイナミックな運動に対して，イオンの後方散乱は，直接的にこれらの運動状態を実空間で観察することを可能にする．その意味では，実験の道具としてはたいへんに有用なものである．ただ，実験装置が大がかりである点が問題であるが，最近では高電圧工学の進歩により，絶縁性の高い超高電圧装置が比較的用意に入手できるようになってきた．

　こうなってくると，通常の自分の実験室にはない，簡単に設置できるイオンの後方散乱実験装置が欲しくなってくる．筆者は，残念ながら定年退職を迎える時期が迫ってきたために，この計画を実現することができなかった．しかし，これからは特別な表面処理の必要がなく，かつ数原子層程度の高い分解能をもつイオン後方散乱装置が，自前で用意可能な時代になってくるだろう．シリコンのエネルギー検出器の分解能はせいぜい 100 eV の程度であるので，高分解能を実現するためには，別の手段が必要である．磁場によるエネルギー分析装置が利用されるものと思われる．一方，超伝導体を利用する荷電粒子の検出器は，高分解能を予期されながらも実際の研究はあまり進んでいない．なんといっても液体ヘリウムを必要とする点が実用上の難点であるが，一方，これにより格段の分解能が実現できるとなれば，話はまた別である．今後，若い意欲的な研究者によって，超伝導エネルギー検出器が実用器として世界に登場することを，切に希望するものである．

6.4　微弱な放射線量の測定用材料

　放射線というと，これまでに取り扱ってきた荷電粒子や中性子のほかに，X線，γ線といった高エネルギーの電磁波（光子）が含まれている．放射線を測定するためには，その放射線と物質の相互作用の結果を利用して，放射線が物質にどの程度のエネルギーを与えるかを測定することになる．

　放射線の作用としては，大別すれば，1) 電離作用，2) 蛍光作用，3) 写真作用が考えられる．荷電粒子は原子と衝突して，電子とカチオンのイオン対を生成するが，これは電離作用である．これを利用する簡単な構造の検出器には，電離箱とよばれるものがある．電離箱は円筒形の形状をしており，中心の電極と円周の金属壁に電圧が印加され，内部には気体が封入されている．この電極間に放射線が入射すると気体が電離され，電子は陽極に，カチオンは陰極に移動

して，電流となる．気体の比例係数管というのは，大きなパルスが得られ，パルスの波高値が入射した放射線のエネルギーに比例する．さらに印加電圧の高い領域は GM 計数管領域といわれ，非常に大きなパルスの発生とともに，比例計数管でみられた放射線のエネルギーに対する比例関係は失われてしまう．半導体検出器は，放射線が半導体のエネルギーギャップを超えて，電子-正孔対を励起する(電離作用とみなせる)電荷の発生を利用するもので，非常に純度の高い真性半導体に近いものが，利用の対象となる．

荷電粒子が原子の軌道電子を励起し，この励起された電子は再びもとの安定な状態に戻るときに，光を放出する場合がある．これをシンチレーションとよび，この現象を利用する検出器をシンチレーション検出器という．これには，ZnS に Ag を不純物として導入したもの(ZnS(Ag)と表す)，NaI(Tl)，CsI(Tl)，LiI(Eu) などが利用されている．また写真の乳剤は，放射線が入射すると黒化するために，古くから放射線検出器として利用されている．

ここでは，とくに最近，食品の放射線汚染の検出などで注目されている，熱ルミネセンス検出器について述べることにする．

6.4.1 熱ルミネセンス検出器

なぜここで，熱ルミネセンス検出器をとりあげるかというと，これからのファインセラミックス材料のなかに，この用途に適合する材料が多数存在する可能性があるためである．

放射線を照射した CaF_2 を加熱すると，熱ルミネセンスとよばれる発光現象が起きる．この発光量は，放射線が与えたエネルギーに比例するために，発光量を測定することにより放射線量の測定を行うことができる．放射線によって作られた電子-正孔対が，結晶内に含まれる不純物，格子欠陥によって捕らえられている．捕獲されている点のポテンシャルエネルギーは比較的大きいため，捕獲状態は保持されているが，これに熱を加えると，捕獲状態から励起され，電子-正孔の再結合によって光を放出する．これが，熱ルミネセンスの発光原理である．場合によっては，試料を液体窒素温度まで冷却して使用する場合もある．これは，捕獲中心のエネルギーが比較的小さい場合で，室温では捕獲状態にならない場合に，よく利用される手段である．図 6.11 は，$Mg_2SiO_4(Tb)$ という材料の熱ルミネセンス特性を示したものである．最小の吸収線量は約 10^{-6} Gy である(6.4.2 項参照)．

熱ルミネセンス材料の特徴は，発光物質を選択することにより，各種の放射線に最もよく適用できるように材料を調合することが可能であることと，加熱

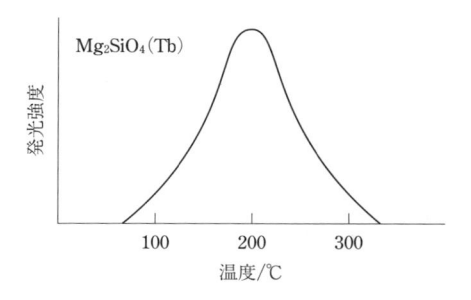

図 **6.11** $Mg_2SiO_4(Tb)$ の熱ルミネセンス．

後は放射線照射前の状態に戻るために，何度でも繰り返し使用できることにある．注目されている熱ルミネセンス材料としては，BeO(Na)，LiF(Mg, Ti)，LiB_4O_7(Cu)，Li_3PO_4(Eu)，Mg_2SiO_4(Tb)，$CaSO_4$(Tm) といった多彩な材料があり，おそらくこれ以外にも多くの有力候補が存在するものと思われる．ちょっと特殊な用途ではあるが，このような用途のための材料開発も，非常に興味のある研究分野である．ただし，素材は少なくとも半透明である必要がある．これは光検出が必要になるからである．

6.4.2 放射線に関する単位

　放射線について話をするときに，その単位系が非常にわかりにくいので，ここで一度チェックしておこう．筆者らが昔，大学で聞いた放射線の単位とはずいぶんと異なっており，これは国際的な放射線単位に関する委員会において，改正が行われているものである．過去には大規模な原子炉事故を経験しており，また日本においても，福島原子炉の炉心溶解事故のような，非常に危険な原子炉事故を経験をしている．それらの事故の報道では，必ずしも正確な内容が報道されておらず，とくに単位に関しては誤解しているものも多い．ここでは，正確な単位の内容を述べておくことにする．

　ベクレル(Bq)：これは 1 秒間に放射線を出す回数である．以前はキュリー(Ci) という単位を使っていた．1 キュリーは 3.7×10^{10} ベクレルである．

　グレイ(Gy)：吸収した放射線のエネルギーの総量(吸収線量)を表す単位である．単位質量あたりの物質が放射線によって吸収したエネルギーを表す．1 Gy ＝ 1 J kg^{-1} のエネルギー吸収と定義されている．以前は，下記のラド(rad)という単位を使っていた．

　シーベルト(Sv)：放射線防護の分野で使用される単位である．吸収線量に放

射線の種類ごとに定めた係数を乗じて算出する投下線量と，影響する体の部分ごとへの影響に基づいて定めた定数を乗じて算出する実効線量がある．以前には，レム(rem)という単位が使用されていた．1 Sv = 100 rem である．国際放射線防護委員会による 2007 年の勧告では，事故などによる一般公衆の被爆量は，年間 1 mSv を超えてはならない．放射線を取り扱う作業者にあっては，20 mSv を超えてはいけないとされている．

　レントゲン(R)：照射した放射線の総量を表す古い形式の単位である．空気中を X 線あるいは γ 線が通過すると，原子がイオン化される．イオン電荷の総量を測定し，計測区間に含まれる空気の質量で割った値である．1 R は，0℃，1 気圧の空気中で，2.58×10^{-4} クーロン kg^{-1} の電離を発生させる照射量である．

　ラド(rad)：吸収した放射線の総量(吸収線量)を表す古い形式の単位である．1 Gy = 100 rad．

7章　材料科学におけるパソコンの利用

7.1　パソコンの利用

　最近は，とくに材料科学の分野に限らずに，多くの物理，科学，工学の分野で，パソコン（PC）の利用が盛んになっている．パソコン自体のハード的な面は非常に開発が進み，従来では考えられなかったような仕事が，簡単に画面上で達成されている．筆者らが初めてパソコンを手にしたころは，CPUの速度はせいぜい 30 MHz，現在の 1/1000 程度のものであった．現在では，マルチコアでしかも 3 GHz といったパソコンが，普通に販売されている．

　パソコン用のソフトウェアも，このハードの性能を十分に発揮するように，さまざまな工夫がなされている．しかし，ここが重要な問題点である．誰でも自由に好みのソフトウェアを簡単に使いこなせるかというと，そう簡単な話ではない．ソフトウェアは，それぞれ独自のコンピューター言語で書かれているために，それを的確に動作させるためには，そのための勉強が必要である．1つのソフトウェアを完璧にマスターするためには，相当の時間が必要である．最低でも1～2年は必要であるが，問題は，まだ勉強中のときに，いきなり改訂版が出されてしまうことである．これは始末の悪いものである．ここは，ソフト会社の販売戦略に簡単にのせられないような用心が必要である．最新版でなければ何もできないというようなことはないので，心配する必要は全くない．

　もう1つ，ここで注目したいのは，インターネットの活用があげられる．この活用法は，2つに大別されるであろう．

　1）特定の学術用語の内容を検索する，論文を検索する，といった目的に利用する．材料に関してはとくに，

　　Acta MATERIALIA，www.sciencedirect.com

7章 材料科学におけるパソコンの利用

Journal of Materials Science: Materials in Electronics，Springer のような雑誌が発行されており，ふだんあまり目に触れる機会のない読者も多いのではないかと思われるので，ここにあげておく．

図 7.1 は，米国の有名な MRS (Material Research Society) のインターネットニュースレターで，応募すれば無料で毎月送信されてくる．材料に関する研究の最新のニュースを手にすることができるが，中身は今はやりのナノ材料に関するものが多い．ただ，エネルギーに関連する材料の情報も最近増えてきているので，その点は注意しておく意味はありそうである．

最近気がついたことの1つに，論文の検索をして目的の論文を見つけ，これをインターネットで購入すると（国際的に通用するクレジットカードが必要），興味深い内容の返信がされてくる．それは，"あなたは論文をコピーされましたが，これに密接に関連する論文が他にも多数あります．その例をあげておきます"ということで，参考文献をあげてくれる．けっこう見落としがあるなというわけで，これは非常に便利である．もっとも，現在とくに必要のないものもあげてくるので，そこは，読者が自主的に判断すればよいだけのことである．

図 **7.1** MRS のニュースレター．

7.1 パソコンの利用

　もう1つは，ウエブセミナーとよばれているもので，実際にインターネットにより，ある課題について直接勉強をするというものである．たとえば，いまアナログ回路について，てっとり早く勉強したいとする．インターネットで，"アナログ回路"と打ち込むといろいろ出てくるが，その中から，たとえば"なぜアナログ回路はむずかしい？"を選択すれば，図7.2のような画面が得られ，短時間で基本的なことが勉強できる．ただし，宣伝めいた画面も多数出てくるから，これらは無視して先に進めばよい．図に見られるように，制御工学入門が用意されており，電気炉の温度制御について勉強しようとすれば，まずこの入門を勉強して基本を身につけると，あとは応用のみであるから，自由にやっていけるだろう．

　インターネットによるウエブセミナーは，日本に限ることはなく，米国や英国で独特なセミナーを展開している．もちろん，無料でそれらのメンバーにな

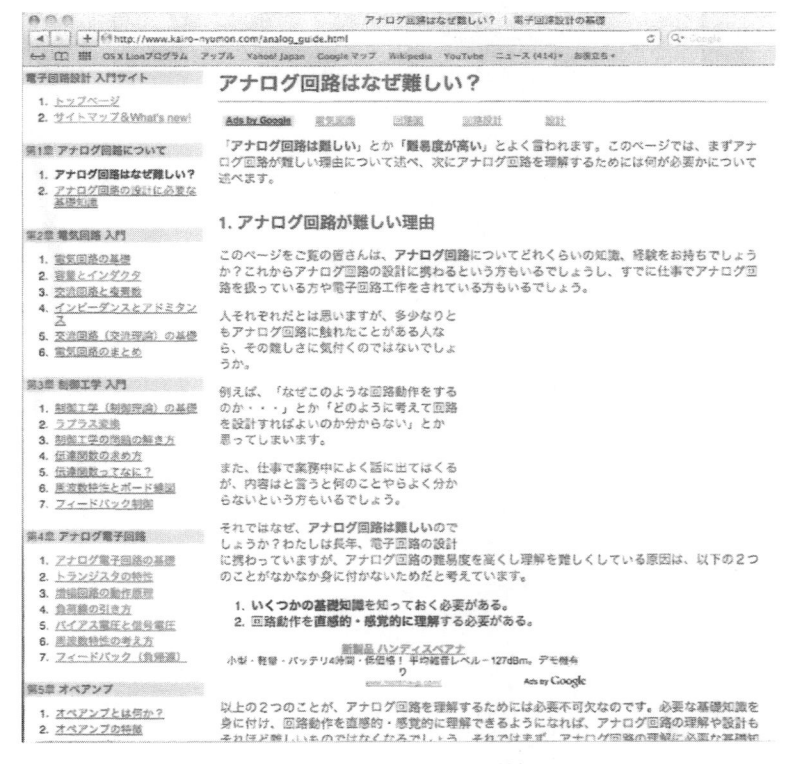

図 **7.2**　インターネットでの情報．

るようにできるので，有効に利用すべきである．たとえば筆者は，WIPLD という，マイクロ波電磁回路の解析とシミュレーションのソフトウェアの会員に登録しているが，ここではさまざまな問題のデモが豊富に用意されていて，マイクロ波加熱の問題に応用している（ただし，Mac OS には対応していないので，Mac ユーザーは要注意！）．

以上述べたように，パソコンの利用といっても非常に広範囲にわたっていることが理解されるだろう．しかし，本章の中身があまりまとまりのない状態になってしまうのは困るので，具体的にターゲットを絞ることにしよう．ここでは，2 つのソフトに話を限定する．1 つは，材料科学に限定されず，より一般的な物理，工学の研究者に便利に利用される数式処理プログラムの紹介であり，他は，結晶構造に関するパソコンソフトウェアの紹介である．

7.2　数式を取り扱うのに便利なソフトウェア

まず数式処理プログラムというものをとりあげてみよう．本書の中でも，半導体を解説した 5 章にみられるように，かなりめんどうな数式を取り扱わなければならない場合に，しばしば遭遇する．そのたびに，昔の物理の教科書をもう一度ひっくり返して思い出す，というのも優雅ではあるが，かなりたいへんである．世の中には，そういった要求に答えるための数式処理プログラムというものが発売されていて，たとえば Mathematica や Reduce などは，古くから有名なものである．もちろんこれらは数学の教科書ではあるが，普通の本屋に並んでいる教科書とは，かなり質的に異なっている．ここでは，筆者が 1987 年以来愛用している Maple 15 というソフトウェアを紹介しよう．最後の数字 15 はバージョンの数であり，筆者が利用しはじめたときは Maple 4 であったので，実に 11 回の改訂が実行されてきたことになるが，その基本姿勢には変化はないので，安心して利用を続けているソフトウェアである．実際，その信頼性や高度の機能性は，産業界からも高い評価を受けている．ただし，普通の教科書とは違いソフトウェアであるので，かなり高価である．

ここで，これまでの我々が受けた数学教育について振り返ってみよう．教室では，微分方程式や偏微分方程式の解き方というものを一応黒板で教えてもらい，あとは多くの時間を，これらの方程式を解くための演習に費やしてきた．方程式を解くということは，一種の数学技術（この術語があるかどうかはわからないが，外国の会議などでは mathematical technology という言葉をよく聞く）であり，簡単に解けるもの，数値的に解けるものが，はっきりわかっている．

7.2 数式を取り扱うのに便利なソフトウェア

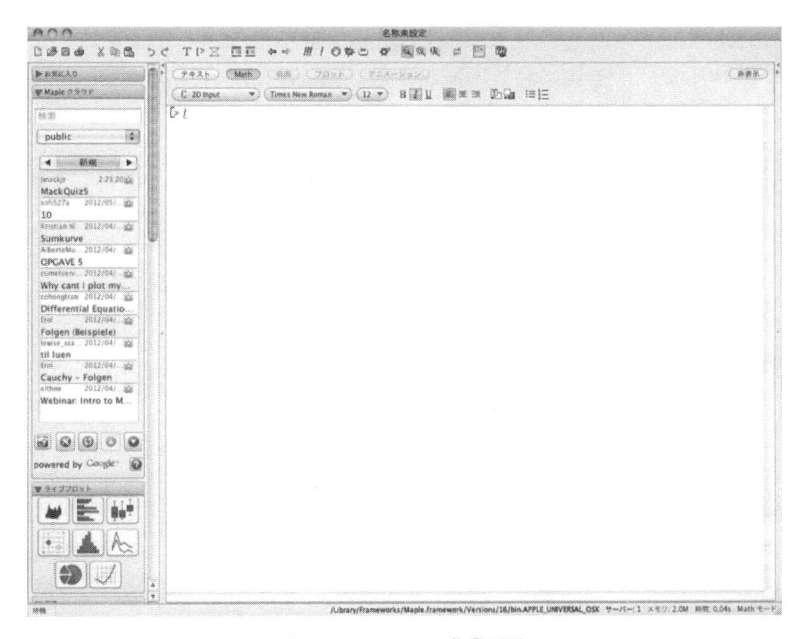

図 **7.3** Maple 15 の作業画面.

　もちろん解の存在が明らかで，解析的に解けるものは解の形がわかる．それらは，すべてを暗記する必要はなく，計算機に聞いてやれば答えを教えてくれるのである．我々は，数式が導出される過程の物理や工学の原理的な部分により注意を払い，意識を集中すべきである．式の答えを出すのは，いってみればどうでもいいわけである．どうもその点が，昔から誤解されているように思われる．

　この問題を解決するのに使われるのが数式処理プログラムであり，これをパソコン上で利用することにより，物理，工学現象の理解を一挙に高めることができるのである．Maple 15 の作業画面は，図 7.3 のようになっている．中心の白紙部分が数学に関する作業領域であり，左側に作業に際して利用されるさまざまなパレットが用意されている．実際の作業は，数学の教科書で一般に使われている学術用語が，そのまま使われる．

　　　solve（代数方程式を解く）
　　　dsolve（常微分方程式を解く）
　　　pdsolve（偏微分方程式を解く）

といったように，作業場で使うことができる．もちろん具体的な数式を書き込まないといけないし，独立変数，従属変数の指定，境界条件の指定，初期条件の指定など，具体的な内容の指定が必要なことは言うまでもない．

　抽象的なことを言っても内容が明確にはならないので，いくつかの具体例をあげてみよう．5章で，一次元の周期的な井戸型ポテンシャルとエネルギー帯構造の計算式をあげている．(5.21a)～(5.21d)式までの連立方程式を解く計算である．実際にはとくに問題になるような計算ではないが，やってみると最終的な答えがなかなか出てこない．途中で，なにか見落としをしているのでる．数式処理プログラムは，このような単純ではあるがめんどうな計算を一気にやるのが，最も得意である．なおMapleのコードは，Wordに貼りつけることはできない．

　例1：一次元の周期ポテンシャル内における電子のエネルギー．Maple 15における計算コード

> $restart : with(Linear\ Algebra)$:
> $M := Matrix(4, [[0, 1, -1, -1], [k, 0, -\beta, \beta], [\sin(ka), \cos(ka), -\lambda \exp(-\beta b), -\lambda \exp(\beta b)], [k\cos(ka), -k\sin(ka), -\beta \lambda \exp(-\beta b), \beta \lambda \exp(\beta b)]])$

$$M := \begin{bmatrix} 0 & 1 & -1 & -1 \\ k & 0 & -\beta & \beta \\ \sin(ka) & \cos(ka) & -\lambda e^{-\beta b} & -\lambda e^{\beta b} \\ k\cos(ka) & -k\sin(ka) & -\beta\lambda e^{-\beta b} & \beta\lambda e^{\beta b} \end{bmatrix} \tag{1}$$

> $DM := Determinant(M)$

$$\begin{aligned}DM := & 2k\lambda^2 e^{-\beta b}\beta e^{\beta b} - 2k\cos(ka)\beta\lambda e^{-\beta b} - 2k\cos(ka)\beta\lambda e^{\beta b} \\ & + k^2\sin(ka)\lambda e^{\beta b} - k^2\sin(ka)\lambda e^{-\beta b} - \sin(ka)\beta^2\lambda e^{\beta b} + \sin(ka)\beta^2\lambda e^{-\beta b} \\ & + 2k\sin(ka)^2\beta + 2k\cos(ka)^2\beta\end{aligned} \tag{2}$$

> $simplify(expand(convert(DM, trig)), trig)$

$$\begin{aligned}& 2k\lambda^2\beta - 4k\cos(ka)\beta\lambda\cosh(\beta b) + 2k^2\sin(ka)\lambda\sinh(\beta b) \\ & - 2\sin(ka)\beta^2\lambda\sinh(\beta b) + 2k\beta\end{aligned} \tag{3}$$

> $r := 2k\beta\lambda^2 + 2k\beta = 4k\cos(ka)\beta\lambda\cosh(\beta b) - 2(k^2 - \beta^2)\lambda\sin(ka)\sinh(\beta b)$

$$r := 2k\beta\lambda^2 + 2k\beta = 4k\cos(ka)\beta\lambda\cosh(\beta b) - 2(k^2 - \beta^2)\lambda\sin(ka)\sinh(\beta b) \tag{4}$$

> $\lambda = \exp(IkL)$

$$\lambda = \mathrm{e}^{IkL} \tag{5}$$

> $conevert(\exp(IkL) + \exp(-IkL), trig)$

$$2\cos(kL) \tag{6}$$

> $\cos(kL) = \cos(ka)\cosh(\beta b) - \left(\dfrac{1}{2}\right)\dfrac{(k^2 - \beta^2)\sin(ka)\sinh(\beta b)}{k\beta}$

$$\cos(kL) = \cos(ka)\cosh(\beta b) - \dfrac{1}{2}\dfrac{(k^2 - \beta^2)\sin(ka)\sinh(\beta b)}{k\beta} \tag{7}$$

さて,簡単に(7)が求められたようにみえるが,実はこれには裏話がある.「simplify」というコマンドは,式を簡単化するという命令であるが,これがちょっとやっかいなもので簡単に言うことを聞いてくれない.何度も「simplify」と命令しても,何もせずにもとのままの式を返してくる.非常に簡単な式の場合にはなんとかうまくいくが,複雑な式になるとお手上げになってしまうのである.これまでに Maple 側と筆者の間で何度かのやりとりがあり,やっとこのように落ち着いたのである.ここでは,いくつかのコマンドを多重化して問題をのりこえている.

例2:材料科学のなかで,物質の拡散の問題は,さまざまな局面でよく遭遇する問題である.拡散の問題は偏微分方程式の形で与えられるので,これを,与えられた条件のもとで解くということを実行しなければならない.半導体における少数キャリヤーの運動について 5.3 節で述べたが,この様子を Maple を使って解析してみよう.

n 型半導体中の正孔の運動に関する方程式は,(5.38)式で与えられる.この式の取り扱いの詳細について述べよう.

$$\begin{aligned}&\mathrm{diff}(p(x,t),t) = G - \dfrac{p(x,t)}{\tau} - \mu h \cdot E \cdot \mathrm{diff}(p(x,t),x) + Dh \cdot \mathrm{diff}(p(x,t),x,x);\\ &\dfrac{\partial}{\partial t}p(x,t) = G - \dfrac{p(x,t)}{\tau} - \mu h\, E\left(\dfrac{\partial}{\partial x}p(x,t)\right) + Dh\left(\dfrac{\partial^2}{\partial x^2}p(x,t)\right)\end{aligned} \tag{1}$$

ここで,

$$G = \delta(t) \cdot \delta(x - x_0)$$
$$\delta(t) \cdot \delta(x - x_0) \tag{2}$$

少数キャリヤーの発生は，デルタ関数的に与えられるとする．

$$pde = \text{diff}(p(x,t),t) = -\frac{p(x,t)}{\tau} - \mu h\, E\left(\frac{\partial}{\partial x} p(x,t)\right) + Dh\left(\frac{\partial^2}{\partial x^2} p(x,t)\right)$$
$$\frac{\partial}{\partial t} p(x,t) = -\frac{p(x,t)}{\tau} - \mu h\, E\left(\frac{\partial}{\partial x} p(x,t)\right) + Dh\left(\frac{\partial^2}{\partial x^2} p(x,t)\right) \tag{3}$$

ここで，2つの変数変換をして，上の式を単純な拡散方程式に変換する．

$$p(x,t) = \exp\left(-\frac{t}{\tau}\right) \cdot w(x,t)$$
$$e^{-\frac{t}{\tau}} w(x,t) \tag{4}$$

$$\text{diff}(w(x,t),t) = -\mu h \cdot E \cdot \text{diff}(w(x,t),x) + Dh \cdot \text{diff}(w(x,t),x\$2)$$
$$\frac{\partial}{\partial t} w(x,t) = -\mu h\, E\left(\frac{\partial}{\partial x} w(x,t)\right) + Dh\left(\frac{\partial^2}{\partial x^2} w(x,t)\right) \tag{5}$$

$x = \xi - \mu h \cdot E \cdot t$;
$$x = \xi - \mu h E t \tag{6}$$

$\text{diff}(w(x_i,t),t) = Dh \cdot \text{diff}(w(x_i,t), x_i, x_i)$;
$$\frac{\partial}{\partial t} w(\xi,t) = Dh\left(\frac{\partial^2}{\partial \xi^2} w(\xi,t)\right) \tag{7}$$

(7)式は一次元の拡散方程式であり，その一般的な解析解はよく知られている（数学の偏微分方程式の教科書には必ず記載されている）．Maple を使って，変数分離法あるいはフーリエ変換法により，(7)式の答を求めることは簡単であるが，長くなるので，ここでは省略する．

上の変数変換を考慮すれば，$p(x,t)$ の解析解は，

7.2 数式を取り扱うのに便利なソフトウェア

$$p(x,t) = N \cdot \text{sqrt}\left(\frac{1}{P_i \cdot Dh \cdot t}\right) \cdot \exp\left(\left(\frac{1}{4}\right) \cdot \left(\frac{(x-x_0+\mu h \cdot E \cdot t)^2}{Dh \cdot t} - \frac{t}{\tau}\right)\right); \quad (8)$$

$$e^{-\frac{t}{\tau}} w(x,t) = N\sqrt{\frac{1}{\pi Dh\, t}} e^{\frac{1}{4}\frac{(x-x_0+\mu h\, E\, t)^2}{Dh\, t} \frac{1}{4}\frac{t}{\tau}}$$

これを数値計算すると，図 7.4 のような結果が得られる．$x = 0$ 点でデルタ関数的に作られた少数キャリヤーが，電場による移動，拡散現象による広がり，再結合による消滅(drift, diffusion, recombination)の 3 つの基本現象を実行しながら伝導に寄与していることを，明瞭に示すことができる．半導体デバイスのマクロな理解は，これでほぼ完全に行われるといってよいだろう．

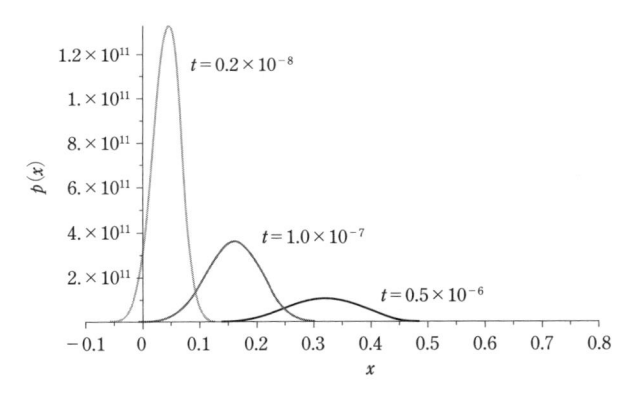

図 7.4 このような結果が得られ，$x = 0$ でデルタ関数的に作られた少数キャリヤーが，drift, diffusion, recombination(電場による移動，拡散現象による広がり，再結合による消滅)の 3 つの基本現象を実行しながら，伝導に寄与していることを，明瞭に示すことができる．
半導体デバイスのマクロな理解は，これでほぼ完全に行われるといってよいだろう．drift, diffusion, recombination の 3 つである．

以上に 2 つの例を示したが，数式処理プログラムというのは，我々が紙に鉛筆で書き上げた数式の処理を実行するものである．その用途は非常に広範囲であり，数値処理も実行可能で，分子動力学やモンテカルロシミュレーションの本質を理解するためのプログラムも，容易にカバーできる．シミュレーション実行のためのプログラムを数式処理と結合したプログラムも販売されており，自動車産業におけるモデルシミュレーションに，活発に利用されている．材料科学に対する具体的な応用はこれからであろうが，その前に我々が基礎的な知識の養成を行うものとして，Maple は非常に効果の高いソフトウェアであろう．

かなり高価ではあるが，教育関係者には特別なプログラムが用意されており，また学生には安価な学生版があるので，その利用価値は高い．

7.3 結晶とX線回折の可視化

単結晶の育成を行っている者にとって，単結晶とこれに関するX線回折の可視化は，貴重な情報を提供するものである．たとえば筆者らは，In_2O_3 のひげ結晶を成長させたが，いったいこれはどんな結晶構造をしているのだろうか．あるいは，ReO_3 のひげ結晶を成長させたが，これはどのような構造をもっているのだろうか．このような結晶を，さまざまな方向から眺めたり，X線回折パターンを予想したりするプログラムがあれば，次のステップにとってたいへんに有用な情報となるだろう．これには，多数のソフトウェアが開発されている．いくつかの例をあげると，

1) 結晶/分子構造可視化ソフトウェア— DIAMOND
2) 粉末X線回折パターンから未知の結晶構造を解析— ENDEVAOUUR
3) Peason's Crystal Data —無機化合物の結晶構造のデータセット，21万2500件を収録
4) 粉末のX線回折パターンから結晶成分を同定— MATCH

といった多彩なソフトウェアが，開発発売されている．こうなると，どれを選択するかは趣味の問題ではないかといったところである．ただし，どれもけっこうな値段であることには変わりない．たいていは無料のデモプログラムが用意されており，使い勝手のよさを試すことができるようになっている．

筆者は，英国製の **CrystalMaker**（http://www.crystalmaker.com）というソフ

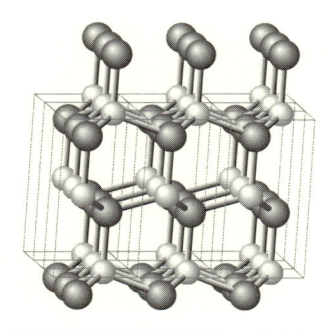

図 **7.5** ZnO 単結晶の結晶構造（CrystalMaker による）．

7.3 結晶とX線回折の可視化

トウェアがお気に入りで，専らこれを愛用している．もちろん他のソフトウェアをていねいに検討したわけではないので，他に比べてこのソフトが特別にすぐれているかどうかは不明である．ただ，長く使用していると愛着がわいてきて，使い勝手もよくなるようである．

さてもう一度，4.3 節の金属酸化物のひげ結晶の電子顕微鏡写真を思い出してみよう．実験したことは，試料（99.999％の ZnO 粉末 + 99.9999％炭素粉末）を大気中で加熱，還元亜鉛のビームの酸化，ZnO ひげ結晶の成長，というプロセスである．

電子顕微鏡の写真では，どうやら単結晶が成長しているように見えるが，それだけでは，ほんとうに ZnO 単結晶のひげ結晶なのかどうか確かではない．ちょっともったいない話ではあるが，このひげ結晶をかき集めて，メノウ乳鉢で粉末化する．次に，これを粉末X線回折を実行する．この実験結果は，完全に ZnO 単結晶としての指数づけされ，ZnO 以外の不純物の存在は認識されなかった．これで，完全な単結晶ひげ結晶の成長が確認されたわけである．

ZnO のような比較的簡単な結晶構造の場合には，その同定は簡単である．ところが，もう１つ，4.3 節に示した In_2O_3 ひげ結晶の場合には，話はそう簡単にはいかないことが明らかになった．まず第一に，In_2O_3 の詳細なX線解析の結果（M. Marezio, *Acta Cryst.*, **20**, 723 (1966)），この単結晶は，単位胞に 80

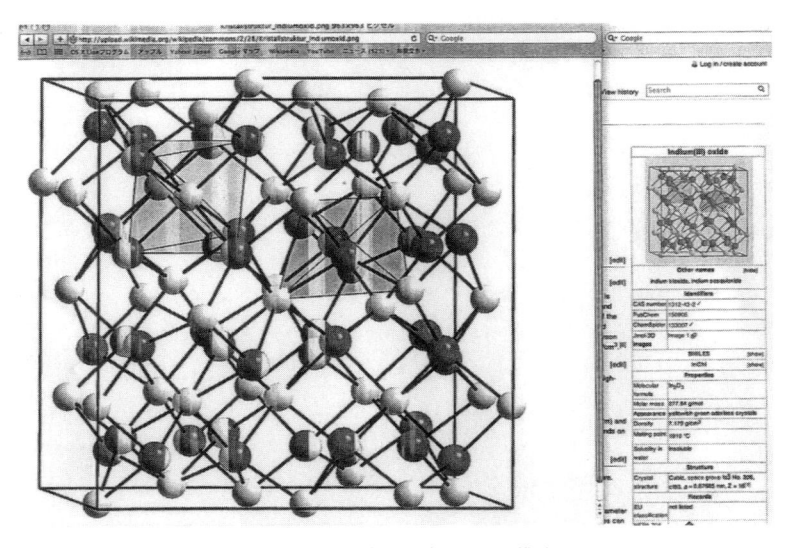

図 **7.6** In_2O_3 の体心立方 bixbyite 構造．

個の原子を含む bixbyite（ビクスビ石，図 7.6）構造をもつということ，さらに，この体心立方構造のほかに，結晶成長の温度によっては，準安定な菱面体構造をもつということが報告されている．In_2O_3 は，透明電極としての応用が実用化され，また新しい光学材料として注目されているために，盛んに研究が進められてきたが，In は今や貴重な材料となってきており，これに代わる材料の開発に方向転換を強いられている．

ところで，筆者らの作製した In_2O_3 は，いったいどのような結晶構造をもっているのだろうか．実は，この問題は未解決のままである．その原因は，この試料の粉末 X 線解析の結果が，試料に依存してばらつきがあり，決定的な結論には至っていない．最近は，MOCVD や酸素プラズマ支援 MB 法などの高度な結晶成長法が，この材料に適用されるようになってきている．今後の発展は，やはり X 線回折の専門家にゆだねることになりそうである．パソコンによる結晶構造の可視化といっても，これまで述べたように，すべて簡単にいくとは考えにくいので，この点は要注意である．とにかく，粘り強い実験を続けることが第一であることに代わりはない．

ここで，この節としては意味が少し異なるが，コンピューターの材料科学への本格的参入について，少し触れておこう．本格的な計算機を利用する材料の微視的構造解析とその特性のシミュレーションは，近年急速に進展している．とくに分子動力学，モンテカルロシミュレーションといった技法による結晶成長の微視的な曲面の数値計算機解析が，ある程度パソコンでも体験できるようなところまできている（たとえば，伊藤智徳責任編集，コンピュータ上の結晶成長，共立出版（2002））．問題は，ミクロサイズの中身からマクロサイズの現象を結びつける，いわゆるメゾスケールの領域の解析が，筆者らのように，焼結体の粒界の成長とか，格子欠陥の拡散による初期焼結状態の振舞いといったことに興味あるものにとって，最も重要な問題となるであろう．これはなにも，我々がこの領域の問題に首を突っ込むということを意味するものではない．フェーズフィールドの理論（8.2 節）とかセルオートマトンといったモデルの計算結果を，時々注目したほうがいいということである．

これらは，いずれもっと具体的に，現実の実験と照合されるような結果をもたらすかもしれない．ただし，これらの問題は，計算機材料科学といった大きな分野を形成するようになってきているので，我々材料の実験家が首を突っ込むような，簡単な内容なものではないと思われる．

8章　材料科学が包合する広い領域

8.1　材料科学が包括する具体的な内容

　材料科学は，英語では"material science"といわれるが，このことばで包合される分野は極端に広く，物理学，応用物理学，機械工学，応用化学，生物学の分野と重なり合う領域が，多数存在する．そのような場合，それは，応用物理学の分野なのですか，それとも材料科学の分野なのですか，と聞かれたときに，的確に答えられる人は，あまりいないのではないだろうか？"それはどちらかの分野ということは言えませんね．だいたい，どちらの分野の問題などという質問自体がナンセンスですね"．これは，筆者のいつもの逃げ口上である．

　ところで困ったことに，いくつかの本屋に行ってみると，材料科学の本というのは，少なくとも物理学に分類されたところは存在しない．多くの場合，材料科学の本は，機械工学の分類の中に入れられている．これはなぜだろうか．図書分類上このようになっているかどうかは調べたことがないので，よくわからないが，筆者の独断的な想像によれば，機械工学の中で材料力学という分野があり，成形材料の疲労，破壊といった問題を研究するための基礎的な教科書が，多数発行されてきた．これは確かに材料工学の重要なテーマではあるが，材料科学の基礎となるものとは思えない．

　極端な言い方をすると，材料科学は3つの巨大テーマに分類されると，筆者は考えている．

　　1）材料科学における微細構造(microstructure)の役割と相変態(phase transformation)
　　2）エネルギーと環境問題に対応する材料の研究
　　3）ナノマテリアルとバイオマテリアル

117

8章　材料科学が包合する広い領域

この3つがこれからの材料科学の進むべき方向である．

8.2 微細構造の役割と相変態

　量子力学的なサイズから出発して，しだいに分子が結合していき，さらに大きなサイズ(これは最近，メゾ–マクロスケールとよぶようだ)になると，結晶微粒子が形成されていくが，これらの成長とそれらの相変態を詳細に考察し，実験の解析，新しい材料の創造に生かそうというものである．その中心となるのは，フェーズフィールド(phase field)法といわれるもので，有名な L.D. Landau(ランダウ)の秩序変数と相変態(order parameter and phase transformation)の理論から出発するものである．この内容を解説すると300ページ程度の教科書が必要になるので，ここではその内容に触れることはできない．

　ここで述べる，サイズの材料の微視的構造をシミュレートする数値計算の手法は，多数発表されており，新たにコンピューター材料科学ということばが生まれている．これについては，"D. Raabe(酒井信介，泉聡志 共訳)，コンピュータ材料科学，森北出版(2004)"に詳しく述べられている．ただし，材料を育成する専門家が，これを最初に見るのはやめたほうがよいと思う．今，あなたが困っている問題に，回答する内容を見いだすのは困難である．計算機プログラムの開発者に見せると，計算のプログラムそのものは，どうというほどのものではないが，何をやろうとしているのか全くわからない，という返答が返ってくる．いちばんの相談相手になってくれるのは，機械工学系の先生である．この本の翻訳者も，機械工学専攻の方々である．

　この問題のスタートポイントとして最良と思われる本が，"斉藤良行，組織形成と拡散方程式，コロナ社(2000)"であり，これから，材料科学の理論解析の方向に進みたい学生(大学院初年度程度)にとって，注目すべき書籍である．そうすると，大学4年めでは，線形二階偏微分方程式の1つである拡散方程式の解法とその応用について，十分な教育を行うべきであることが，はっきりしてくる．また，原子の物質内における拡散についても，物理的な理解と応用力を身につけるような教育が必要である．

　たとえば，一例をあげてみよう．7章で，数式処理プログラムによる拡散方程式の解法を述べたが，今度はこれを使って，原子の拡散の計算をしてみよう．原子の拡散機構としては，1)空孔拡散，2)格子間拡散の2種類が存在する．結晶が完全結晶であれば，どこにも原子が移動できるような空間が結晶内には存在しないので，原子はただ格子点を中心としてランダムな熱運動を繰り返して

8.2 微細構造の役割と相変態

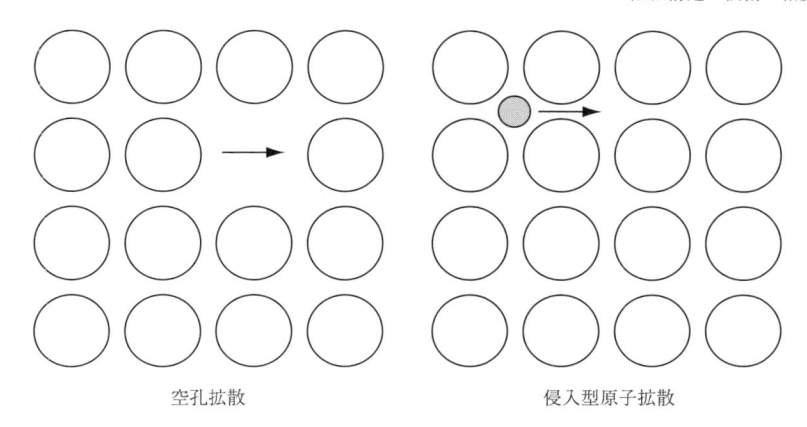

空孔拡散　　　　　　侵入型原子拡散

図 8.1 空孔による原子の拡散と，格子間原子が拡散する機構．

おり，平均すれば移動距離はゼロである．しかし，結晶のなかに，たまたま原子が抜けた空孔が存在すると，これを囲む原子がこの穴に移動することが可能になる．ミクロには，図 8.1 のように，ある確率で原子が空孔や原子間に侵入して格子内を移動するが，これがマクロな見方をすると，原子の密度差による拡散という形で表すことができる．それは，原子の流束に対する Fick の法則である．

具体的なモデルを作るために，実空間における格子の二次元配列を考える．隣り合う 2 つの原子面を考えると，この面にある原子は両側の原子面にある確率で，空孔あるいは原子間にジャンプして移動することができる．各面の原子濃度を，n_1, n_2 とすると，

$$n_1 = N_1/A, \ n_2 = N_2/A \tag{8.1}$$

である．ここで，N_1, N_2 は各面の原子数，$A(A = L^2 a,\ a$ は格子間隔)は単位体積の大きさである．ジャンプの回数を $\beta \, \mathrm{s}^{-1}$ とすると，原子数の変化を dN/dt とすれば，

$$dN/dt = -(\beta/2)(N_2 - N_1) = -(\beta L^2 a/2)(n_2 - n_1) \tag{8.2}$$

と表される．ここで，連続体近似に移行すると，

$$\begin{aligned}(1/L^2)\,dN/dt &= -D\,\partial n/\partial x \\ D &= \beta a^2/2\end{aligned} \tag{8.3}$$

この式の左辺は、単位面積から放出される原子の流束であり、これを J とすれば、

$$J = -D\,\partial n/\partial x \tag{8.4}$$

となる。これは Fick の第一法則である。

　拡散係数 D を具体的に計算するためには、熱力学、および統計熱力学の基礎が必要である。筆者はどうもこの熱力学というのが好きになれない。やたらに多くの熱力学関数なるものが羅列されるからである。しかし、これはなんとか若い学生のうちに学習しておく必要がある。拡散方程式を導入するのは簡単で、これは Fick の第二法則となる。

$$\partial c/\partial t = \partial(D\,\partial c/\partial x)/\partial x \tag{8.5}$$

で、とくに拡散係数 D が x に依存しない場合には、

$$\partial c/\partial t = D(\partial^2 c/\partial x)/\partial^2 x \tag{8.6}$$

という通常の拡散方程式となり、その解の例は、7章に示してある。

8.3　エネルギーと環境問題に対応する材料の研究

　これは、最近の世界のエネルギーの枯渇状態と温暖化による環境の変化に対応するために、必要不可欠となってきた研究分野であり、ある点では社会科学との共同研究を必要とする分野まで内包している。こうなってくると、この分野に適応する学生を育成するための指導方針というものは、非常にむずかしいことになってしまう。筆者の考えでは、まず、これらの問題を総合的に取り組むための学部、あるいは専門の大学院が必要になるであろうかと思われる。エネルギーの将来予測というものは古くから行われており、なかでもローマクラブというのは有名で、その提言によれば、現在我々は完全に石油資源の枯渇に直面しているはずであるが、どうもこれは妄想とよぶにふさわしいものであり、現在これを信用している人はほとんどいないであろう。しかし、よく考えると、全く誤りということではなく、人類は地球規模のエネルギーの枯渇に真剣に取り組まなければならないことは、まちがいのないところである。

　石油の代替エネルギーとういうと、太陽光の利用ということを真っ先にあげる人は多い。太陽光の利用によって、ほんとうに将来のエネルギーは確保できるのか？　以下に考えてみよう。

8.3.1 太陽光エネルギーの利用とその限界

　資源エネルギー庁の「エネルギー白書(2011)」によれば，石油の原油は約40年後，石炭はあと122年後，天然ガスは約60年後に枯渇してしまうことになる．最近，ガソリンがまた値上がりしているが，このようなことが発生するたびに，太陽光の利用や風力発電，地熱発電などの問題が指摘される．しかし，熱はすぐに冷めてしまう．まあ何とかなるだろうと考える人が，大多数である．筆者自身もあまり正確に調べることはないが，世界の必要なエネルギーは完全に太陽光の利用で供給可能であるという発言から，精いっぱいがんばっても必要なエネルギーの10％にも達しないという説までいろいろあって，何がほんとうなのかよくわからない．

　筆者は，当時通産省の電子技術総合研究所というところで，同僚が引き上げ法で作製してくれたシリコン単結晶を使ってp-n接合による太陽電池を試作してみたが，変換効率は4％にも満たないもので，ほとんど使いものにならないデバイスであった．現在では，10～15％程度の変換効率を達成できる太陽電池が試作されているようであるが，なにしろ価格が高くて問題にならない．結局のところ，太陽電池を作製するには，大規模設備と石油エネルギーを必要とするわけで，日本国中の住宅の屋根が太陽電池で埋め尽くされるような幻想を抱くのは，まちがいである．

　もう一度，太陽光エネルギーのスペクトルをチェックしてみよう．図8.2にそのスペクトルの様子を示すが，これを見てすぐわかることは，シリコンなどは，太陽光スペクトル強度の小さい側でしか動作していない．0.4～0.7 μmの波長域で有効に働く変換器が必要であるが，これは3 eVといったワイドギャップ半導体が必要になる(表8.1)．しかしながら，そのような半導体(あるいは絶縁体といったほうがよいかもしれない)が存在しないわけではないが，不純物だらけで使い物にならない．ここで，また1つ重要なテーマが出てくるわけであるが，"高純度，高エネルギーギャップ半導体の開発"である．このような物質で問題になるのは，深いエネルギー準位をもつ不純物の存在であり，これが存在すると，せっかく太陽光で生成した電子-正孔対をどんどん捕獲してしまうので，非常に効率が悪いものになってしまう．深い準位の不純物がどのようにして作られるか，その詳細なメカニズムは実はよくわかっていない．格子欠陥か，格子欠陥と不純物の複合体なのか，実際にはよくわかっていない．現在のナノ技術を駆使すれば，光電子分光やイオンチャネリングの高分解能分析による解明が可能であろうと思われる．そのためには，超高真空技術と各種の元

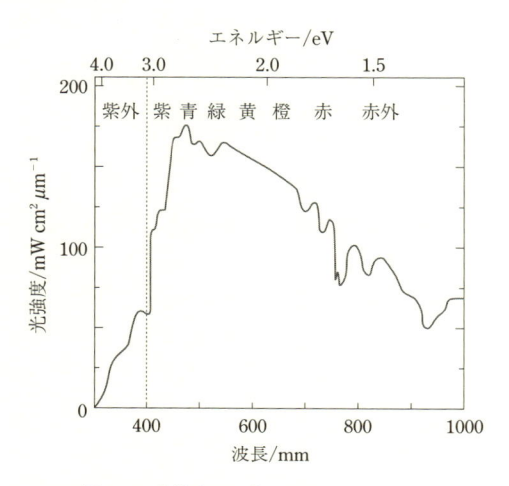

8章 材料科学が包合する広い領域

図 8.2 太陽光のエネルギースペクトル．

素分析法，X線解析の基礎的な教育が不可欠である．

　GaN のようなワイドギャップ半導体に，適当な不純物（たとえば Mn など）を導入し，可視から紫外領域までわたって，太陽光エネルギーを変換する試みが行われているが，なにしろ GaN のような化合物半導体には，格子欠陥や制御不能な不純物が，容易に導入されやすい．一般的に言って，自然界はエントロピーの大きい乱雑な状態を好むわけで，我々はこれに逆らって，秩序ある材料を生み出そうとしているわけである．したがって，常に自然界から，すきあればランダムな状態にしたいという攻撃にさらされているわけである．予想ほどに開発が進行しない理由は，この自然界の法則に由来すると，筆者は考えている．

表 8.1 エネルギーギャップの大きな半導体の例

	C	SiC	GaN	ZnO
エネルギーギャップ/eV	5.47	3.20	3.42	3.37
電子移動度/$cm^2\,V^{-1}\,s^{-1}$		1000	1000	?
熱伝導率/$W\,cm^{-1}\,K^{-1}$		4.9	1.3	?

　太陽光の利用は，もちろん太陽電池に限ったことではない．太陽光の集束とそれによる加熱を行うと，数千℃の加熱が容易に可能になる．したがって，スーパー超高温における新しい工学の展開が可能になる．まず新しい高温材料の作

製,太陽光による励起レーザーの研究,超高温における熱電発電の可能性といったものが展開されるだろう．しかし，太陽光の集束により鉄鋼の溶鉱炉の代用が可能になるかというと，それはとても考えられないことである．米国において，集熱パイプによる太陽光の集光装置の実証試験が行われたが，採算に合う結果は得られずに撤退してしまった．また，国内では1981年ころに，四国で太陽光集光の実証試験が行われたが，日照時間の少ない日本では実用にならないという結論になった．日本は，とくに広大な土地に乏しいため，海上に大規模装置を構築する以外に手がない．太陽電池にしてもその事情は同じである．なにしろ熱というのは，エネルギーの質という点では最低の質のものである．つまり，あらゆるエネルギーは最後には熱になって死んでしまうのである．この熱を利用して，質の高い，利用可能なエネルギーを作ろうとするのは，基本的にまちがっているという研究者もいる．しかしその研究者は，それではどうしたらいいのかという質問には答えてくれない．というより，答えられないのである．

　我々実験科学者は，興味ある物質の性質を探求するという習性を持って仕事をしているので，それが世界の経済や環境，エネルギーにどのように関連するかなど，あまり考えたことがない．自分が興味あると思っても，世の中に役だたないと，誰からも受け入れられないということになり，結果は紙くずのような論文を書いて，おしまいになってしまう．筆者がとくに強調したいことは，このようなことがあまり起きないようにするためには，この分野に経済学者，とりわけ世界のエネルギー事情に詳しい専門家の提言をよく聞く必要があるということである．

8.3.2　生活環境からの二酸化炭素の削減

　地球温暖化防止京都会議において，CO_2排出規制の先頭に立った日本ではあるが，なかなか思うようにはCO_2は減っていないよいうである．さすがに，まっ黒な煙を吐いて走る大型トラックを見かけることはあまりなくなったが，自動車の普及によりCO_2はなかなか減らないのが現状である．原子力発電の安全神話が福島原発の事故で崩壊し，原子力発電所の再稼働がむずかしくなった現状では，頼れるのは火力発電のみである．そうすると，天然ガス，石油などの燃焼によるCO_2の発生は避けることができない．

　このような状況を打破するためにこそ材料科学が存在するということを，あらためて認識する必要がある．そこでの課題は，"CO_2を大量に吸着するような材料の開発はどうなっているのだろうか"である．実は，これまで何度も触

れてきたセラミックス材料の中に，その可能性を見いだすことができる．
　東芝(株)の研究開発センターでは，新しい可逆反応に基づく CO_2 の吸収材料を開発している．

$$Li_2ZrO_3 + CO_2 \rightleftarrows ZrO_2 + Li_2CO_2 \tag{8.7}$$

この化学反応により，700℃を境として，低温側で CO_2 の吸収反応が起こり，Li_2ZrO_3 の多孔質セラミックスを作ることにより，微小で大量な孔に Li_2CO_2 を堆積させることができる．CO_2 の吸収能力は，従来技術の500倍以上といわれている．ここで，従来の技術というのが何を指しているのかよくわからないが，とにかく高い吸収能力があるのだろう．これを火力発電所や製鉄工場などに設置すれば，かなりの効果が期待できるだろう．ただしそのためには，材料の大量生産が可能かなどの条件が付加されるため，緊急の要求に対応できるかどうかはわからない．

　新しいセラミックスの開発は緊急の問題であり，日本政府が本腰で研究を推進すべきものである．(8.7)の反応でLi(リチウム)という希金属(レアメタル)が登場しているが，この金属は新しい電池の開発で脚光を浴びているものである．この希金属は，海水中に2300億トンが溶けているとされ，事実上，無限の埋蔵量ということができる．国内でも海水からLiを抽出する実験が本格的に行われている．したがって，たとえば中国に独占されるというようなことは起こらない希金属である．Liは腐食性があり，人体に接触することは避けなければならない．また，水と激しく反応するために，多くの場合，ナフサのような非反応性化合物の中に保管する必要がある．表8.2にLiの特性を示す．

　最近，中国の研究グループにより，ゾル-ゲル法による微小結晶粒の Li_2ZrO_3 の合成とその特性が，*J. Material Chemistry* に発表され，従来のものと比較して，さらなる CO_2 吸収効果があることが発表されている．この論文には，日本の論文として，東芝(株)の研究グループしか引用されていないので，これから推

表8.2　Li元素の一般的特性

イオン化エネルギー	第一：520.2 kJ mol^{-1}，第二：7298.1 kJ mol^{-1}，第三：11815.0 kJ mol^{-1}
原子半径	152 pm
共有結合半径	128 pm
結晶構造	体心立方
電気抵抗	92.8 Ωm(20℃)
原子量	6.941 g mol^{-1}
原子番号	3
融点	180.54℃

論すると，日本のセラミックス研究機関で，この問題に取り組んでいるのは東芝(株)のみということになるのだろうか．

8.4 ナノマテリアルとバイオマテリアル

ナノメートルは 10^{-9} m である．1Å(オングストローム)は 10^{-10} m であり，単結晶の格子間隔は，数オングストロームであるから，ナノスケールでは，数個の原子が含まれる程度である．これはちょっと極端ではあるが，数十個からせいぜい数百個の原子層に限定された材料は，ナノマテリアル(ナノ材料)とよばれている．このスケールの材料は，特異な性質を示す可能性があるために，多くの材料研究者がこの領域に集中する傾向がある．この領域で最も注目されている材料は，カーボンナノチューブとよばれるものである．

8.4.1 カーボンナノチューブ

これは，1991年に NEC 筑波研究所の飯島澄男氏(現名城大学教授)によって発見されたものである．しかし，カーボンナノチューブそのものは，1952年にソ連(現ロシア)の科学者によって，電子顕微鏡により観測されていたらしい．飯島氏は，単に電子顕微鏡による観察を行っただけではなく，その構造の詳細を解明したので，ノーベル賞の有力候補者といわれている．カーボンナノチューブは，ちょうど，のり巻きに使うのりを丸めたような構造をしている(図 8.3)．もちろん，のりは結晶構造をしていないので，本質的に異なるものであるが．カーボンナノチューブは，さまざまな方法で作られる．
1) 炭素棒のアーク放電により，アークから"すす"が落ちてくるが，これらは単層のカーボンナノチューブである．
2) レーザーを炭素材表面に照射し，炭素材表面にアークを作ると，やはり 1)と同様の単層カーボンナノチューブが作製される．

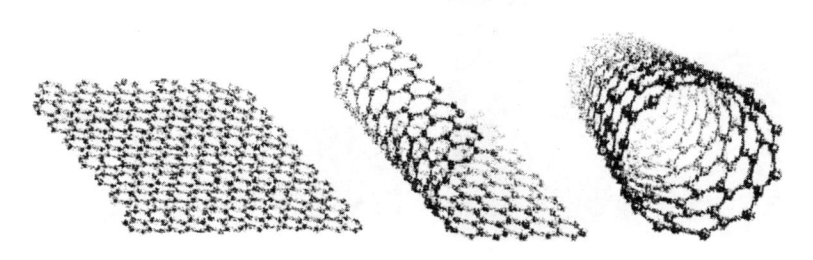

図 8.3 カーボンナノチューブの構造．

3) CO と Fe(CO)$_5$ の混合ガスから，CVD によりカーボンナノチューブを作製する．これが，大量生産にいちばん向いていると思われるが，技術的な問題はまだ解決されていない．

カーボンナノチューブは多くの応用の可能性をもっており，一部の領域ではすでに実用的な製品も作られている．燃料電池への応用，蛍光表示管への応用といったものが，すでに行われている．これは，細いカーボンナノチューブの先端が強い電界を集中させることに適しており，効率的な電子放出が可能なためである．

ナノマテリアルは，もちろんカーボンナノチューブに限ったものではない．8.3.2項に述べた CO$_2$ 吸収材料は，ナノ孔を多数もつナノマテリアルということができるだろう．セラミックスの分野では，ナノ粒子セラミックス粉末の研究が盛んに行われており，TiO$_2$ 粒子に BaTiO$_3$ の表面層を有する微粒子を合成するという巧妙な技術も開発されている．

8.4.2　バイオマテリアル

3.4節ほかで，人口歯用のセラミックスの開発に触れた（図8.4）．しかし，バイオマテリアルというのは，もっと広範囲の内容を含んでいる．ここでは，筆者が最も不得意とする有機化学材料が主役を演ずることになる．どうもあの亀の甲のような記号が出てくると，途端に拒否反応がでてきてしまうからである．しかし，このようなことを言っているようでは，ほんとうは材料科学について述べる資格はないことになる．遅まきながら，有機化学入門なる本の勉強をしているところである．

バイオマテリアルというのは，生体にやさしくて適合する材料のことを指している．生物には生体防御反応という，我々も日常経験する自己防衛反応があ

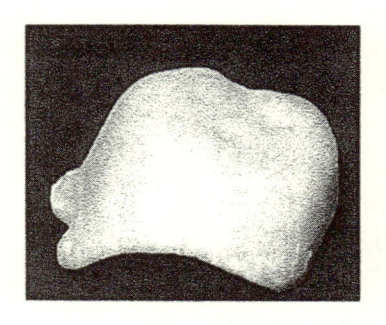

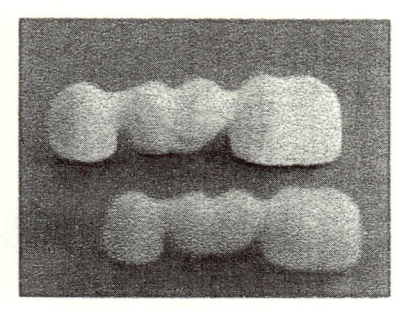

図 8.4　人口歯へのセラミックスの応用．

る．簡単な話が，注射をされて血がでているときに，血栓が生成されて血液が凝固し，血液が止まる．また，何か異物が入り込むとカプセル化ということがおきて，局所的に異物を隔離してしまう作用がある．このような条件下では，何か材料を生体に導入するということは，非常にむずかしい問題であることは，素人でも直感的に理解できる．

　血液には多種類のタンパク質が含まれており，異物を導入すると表面にこのタンパク質が吸着するので，これを防止しなければならない．ここで，各種の高分子材料が登場する．そのなかから，生体防御反応のなるべく起きない，生体類似表面をもつ材料を合成していかなければならない．高分子材料の表面をプラズマ照射すると，表面の親水性が増加するという研究もされており，材料表面の改質効果という点で，我々無機材料研究者にとっても，興味ある効果が発表されている．

　人口血管，人口臓器，たとえば人口心臓，人口肺，人口腎臓といったものは，すでに人体の生命維持のために利用されている．MCPポリマーというのは，とくに人体にやさしい材料といわれており，細い人口血管やコンタクトレンズの改質に適用されている．

　以上のように，バイオマテリアルというのは，生体が受け入れ可能という条件下でのみ開発可能な材料であるので，生体の特質に関する十分な知見が必要で，臨床医学者の協力は不可欠となる．我々の同僚で，人口関節材料の研究を行っているグループがあるが，材料的にいかに優秀なものであっても，生体との適合性を解決することが困難であり，非常に苦労をしている話を聞かされている．

　環境，エネルギーに関しては，バイオマスという問題もあるが，ここでは割愛することにする．

　これまでの記述は，単に材料の可能性を羅列しただけではないかという批判があるかもしれない．しかしながら，この章の意図は，材料科学といわれるものが，実に広範囲に拡張してしまったということを示したかったことが，まず第一にある．そのなかで，自分の研究がどの位置にあるのか，将来どのような発展が期待されるものなのかを考察する手がかりにしたいということが，第二の意図である．さらに，これは最もむずかしい問題であるが，将来，材料科学を担う人材を育成するには，どのような教育が必要かをときおり考えるということが，第三の目的であった．残念ながら，これらの諸点を十分に包合することはできなかったが，いくつかのヒントを与えるきっかけにはなったのではな

いかと思い，自己満足している．幸いなことに，たとえば東北大学を中心とする国際的な材料科学総合教育拠点が作られており，その他にも材料科学の総合大学院が各地の大学に設置されるようになっていて，今後に大きな発展が期待されるところである．

索　引

A・B

ASTM カード　29
Bloch の定理　66
Boltzmann
　——統計　87
　——定数　69
Bragg の反射条件　27

C

CCD カメラ　25
CO_2
　——の吸収材料　123
　——の排出規制　123
Cole-Cole 緩和　18

D・F

de Broglie の波　63
Debye の誘電緩和式　15
Devison-Cole 緩和　18
Fermi-Dirac 分布　68

G・I

GM 計数管領域　102
γ 線　101
In_2O_3　60
　——の X 線解析　115
　——のひげ結晶　60
In-Se 系　53, 56

K・L

Kronig-Penney のモデル　68
Li_2CO_2　124

M

Maple 15　108
mathematical technology　108
Maxwell
　——-Boltzmann 分布　68
　——の方程式　12
MgO 系のるつぼ　38
$2MgO \cdot SiO_2$ 焼結体　43
Moliere 近似ポテンシャル　95
Mott の $T^{1/4}$ 則　86
MRS（Material Research Society）　106

N

n 型半導体　70, 81, 111
　——正孔の運動に関する方程式　111

P

PID 制御装置　11
p 型半導体　71
p–n 接合　77
　——の静電ポテンシャル　78

S・T

Schrödinger 波動方程式　64
Seebeck 効果　10
Thomas-Fermi モデル　95
TiO_2 焼結体　42

V・X・Z

van der Waals 型の相間結合力　54
X 線　101
　——回折の可視化　114
Zener 効果　82

129

索　引

ZnO 焼結体　38

あ

アークプラズマ加熱　23
アルミナの炉心管　8

い

イオン
　——チャネリング効果　93
　——の加速装置　89
一次元
　——の井戸型ポテンシャル　64, 82
　——の周期ポテンシャル　110
　——の熱伝導方程式　76

う・え

ウィスカー　58
ウエブセミナー　107
エネルギー
　——ギャップ　122
　——準位　122
　——帯の構造　69
　——白書　121

お

温度勾配　5
　——をもつ電気炉　5
温度制御　4

か

拡散（物質の）　46, 111
か焼　49
ガスリークバルブ　91
荷電粒子　101
可変領域ホッピング　85
カーボンナノチューブ　125

き・く

気体の比例係数管　101

キャリアー
　——移動度　68
　——密度　69
　少数——　74, 112
金属酸化物の"還元・酸化法"　57
苦土カンラン石　43
グレイ　103

け

蛍光 X 線分析　30
ケイ酸ナトリウム溶液　32
ケラマックス発熱体　7
原子の拡散機構　118

こ

コア/シェル構造　40
光学顕微鏡　25
格子
　——振動　73
　——面　26
高周波誘電加熱　11
高周波誘導加熱　11
構造の緻密化　39
後方散乱スペクトル　99
古典的弾性衝突　97
コンピューター材料科学　118

さ

材料
　——の微視的構造解析　116
　——の誘電的特性　17
サセプター　22
酸素空孔　61
散乱実験槽　91

し

軸チャネリング　94
示差熱分析　54, 55
シーベルト　103

索　引

焼結体　3, 39, 42, 43
　——セラミックス　23
　——の収縮率　46
　——の緻密化　47
少数キャリヤー　74
障壁の投下係数　83
人口歯用セラミックス　126
真性半導体　68, 73
シンチレーション検出器　10

す・せ

数式処理プログラム　108
正孔　71, 111
　——の拡散距離　80
　——の分布関数　69
生体防御反応　127
接合の幅　79
セラミックス　35
　人工歯用——　126
遷移領域　80
線スペクトル　28

そ

双極子分極　14
層状半導体　53
相図　54
相変態　117, 118
ゾル-ゲル法　34, 124
損失係数　19

た

体積エネルギー密度　16
帯電率　14
耐熱材　7
太陽光
　——の集束　122
　——の利用　120, 121
単結晶　2, 51, 53

ち・つ

窒化アルミニウム　44
チャネリング　94
中性子　101
積み重ね欠陥　54

て

ディップカーブ　96, 100
テコランダム　5, 37
電気伝導による誘電損失　19
電気炉　3, 37
　プリマジン——　8, 51
　マッフル——　4
電子
　——トラップ　40
　——分布関数　69
　——レンジ　20
　——の移動度　73
電離作用　101

と

ドラフトチャンバー　1
トンネル効果　82

な

ナノマテリアル　117, 125
ナノメートル　125

に

二位置式の制御　10
二重ポテンシャル障壁　40, 84
入射粒子の阻止能　97

ね

熱電対　6, 21
　——の規格　9
熱ルミネセンス検出器　102

索　引

は

バイオマテリアル　117, 126
バリスター　48
バンデグラーフ加速器　89
半導体
　——集積回路　90
　——接合　63
　——における電気伝導モデル　63

ひ

ビクスビ石　60, 116
ひげ結晶　58, 115
微細構造　117, 118
ビッカース硬さ数　37
表面エネルギー　456
比例係数管　101

ふ

ファインセラミックス
　——の性質　35, 48
　——の作製　37
　——の熱伝導率　44
フェーズフィールド法　118
フォノン-フォノン散乱　44
フォルステライト　43
複素誘電率　13
物質の拡散現象　46, 111
ブラックシリカ　31, 43
フーリエ変換法　112
ブリジマン炉　8, 51
分子動力学　116
粉末X線回折　25, 26

へ

ベクレル　103
変数分離法　112

ほ

放射線の単位　101, 103
飽和電流　81
ホッピング
　——伝導　85
　——の確率　86
　交流の——　88
ポテンシャル障壁　76, 82

ま・む

マイクロ波加熱　22, 47
　——装置　20, 22
　——の技術　49
マイクロ波電磁回路　108
マッフル炉　4
無秩序材料　85

め・も

メゾ-マクロスケール　118
メゾスケールの領域の解析　116
面指数　26
面チャネリング　94
モンテカルロシミュレーション　116

ゆ

誘電緩和　17, 88
誘電損失　13, 19
誘電体の分極　11
誘電分散　14
誘電率　17

ら・る

ラド　104
ランダムな熱運動　73
るつぼ　38

れ・ろ

レム　104

索　引

連続近似　94
連続スペクトル　28
レントゲン　104
炉心管　6

わ

ワイドギャップ半導体　122

● 著者紹介

阿部　寛（あべ・ゆたか）工学博士
1957年　北海道大学工学部電気工学科卒業.
1960年　工業技術院電気試験所入所，半導体部品研究室所属.
1974年　米国 Brown 大学客員教授.
1975年　北海道大学工学部原子工学科量子計測工学講座教授.
1997年　北海道大学定年退職．同名誉教授．北海道自動車短期大学教授．

● 主な著書

「やさしい Mac の数値数式処理プログラム」(1990),「あなたの Mac ファクトリー」(1991)(以上，毎日コミュニケーションズ)，翻訳「入門計算物理の手法」(1993, 現代工学社),「Mathematica でみる数理物理入門 I, II」(1994, 1995),「MapleV による数式処理入門」(1998),「物理工学系のシミュレーション入門」(1999)(以上，講談社),「研究室ですぐに役だつ電子回路」(2006)(工学図書)

NDC 540　141 p　21 cm

電子材料研究にすぐ役だつ道具だて

2012年 8月 10日　第 1 刷発行

著　者　　阿　部　　寛
発行者　　笠　原　　隆
発行所　　**工学図書株式会社**
〒 113-0021　東京都文京区本駒込 1-25-32
電話　03（3946）8591
FAX　03（3946）8593
印刷所　　㈱双文社印刷

©Yutaka Abe, 2012 Printed in Japan
ISBN 978-4-7692-0496-1 C3055

好評発売中

研究室ですぐに役だつ電子回路
"少ない予算で手づくり"回路！ 実験装置のヒント集
阿部　寛 著
★ A5判　定価 1,995 円

センサと基礎技術
南任　靖雄 著
★ A5判　定価 2,520 円

基礎 電子計測
南任　靖雄 著
★ A5判　定価 2,520 円

EMC と基礎技術
鈴木　茂夫 著
★ A5判　定価 1,785 円

Q & A EMC と基礎技術
鈴木　茂夫 著
★ A5判　定価 1,680 円

改訂新版 半導体基礎用語辞典
米津　宏雄 著
★ B6判　定価 1,890 円

図説 創造の魔術師たち
レオナルド・デ・フェリス / 本田　成親 訳
★ A4変型　定価 3,150 円

名著復活 若きエンジニアへの手紙
菊池　誠 著
★ 四六判　定価 2,205 円

【表示価格は税込み(5%)価格】

工学図書　http://www.kougakutosho.co.jp